ビジネス屋と技術屋が一緒に考える脱炭素

江田 健二・矢田部 隆志【共著】

Ohmsha

この書籍は、エネルギー産業の過去、現在、未来について「ビジネス屋」と「技術屋」という異なる立場の２人が執筆しました。「いかに事業として採算をとりながら社会実装していくか」に知恵を絞っているビジネス屋と、「安全で社会に役立つ新しい製品を開発したい」と汗を流す技術屋では、エネルギーへの視点は異なります。この２つの異なる視点の相互理解が新たな発見や発想につながり、エネルギー産業をますます発展させていくことにつながるだろうという思いを込めて、この書籍を書きました。

読者の皆さんが、もしビジネスの前線にいる方であれば「技術屋の視点」、技術者であれば「ビジネス屋の視点」を知っていただくきっかけになればと思っています。自分とは異なる視点は、心の中に「ざわつき」や「ひっかかり」を生み出します。そのざわつきやひっかかりを紐解くことで自らの視点を再確認できます。ぜひ、次なる一手のヒントをこの書籍から少しでも見つけていただければと思っています。

江田　健二

2020 年の菅総理大臣（当時）のカーボンニュートラル宣言以降、各野において「脱炭素社会」を目指す動きが加速しています。一方で、2022 年にはロシアによるウクライナ侵攻が始まり、地球温暖化対策に加えてエネルギーセキュリティも日本にとっては同時に達成することが求められるようになりました。ロシアのウクライナ侵攻の背景にはロシア産の天然ガスとウクライナを通過するパイプラインに因果関係があるともいわれています。西欧諸国は、北海などの風力発電の恩恵にあずかる一方、不足するエネルギーはこのロシア産の天然ガスに依存しており、その比率は年を追うごとに高まっていました。エネルギーや資源に関わる品目の多くは戦略物資とされています。日本においても決して対岸の火事ではなく、エネルギーの自給率の向上とカーボンニュートラルに向けて歩みを止めてはなりません。それはエネルギーの供給側に限った話ではなく、これからは利用側での取り組みが一層重要になると思っています。需給一体でこの難題に立ち向かう必要があります。本書では、そのきっかけを紹介できればと思っています。

矢田部　隆志

目次

水素バルブスタンド

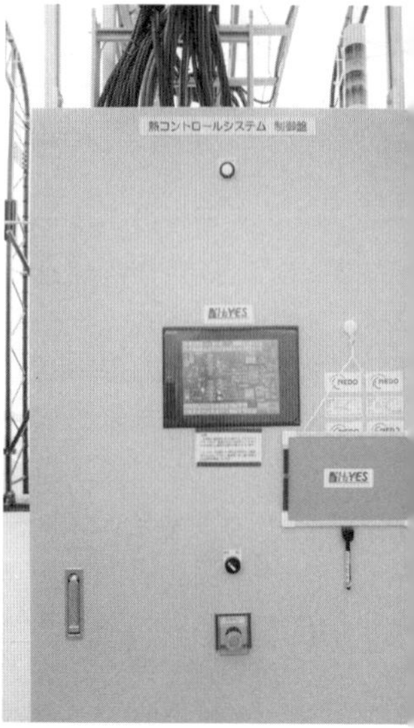
熱コントロールシステム 制御盤

LINE-A
整流器 AC-DC Converter 750kW
電力を交流から直流に変換する装置
LINE-B
酸素
Oxygen
純水
Water
水素
Hydrogen
純水
Water

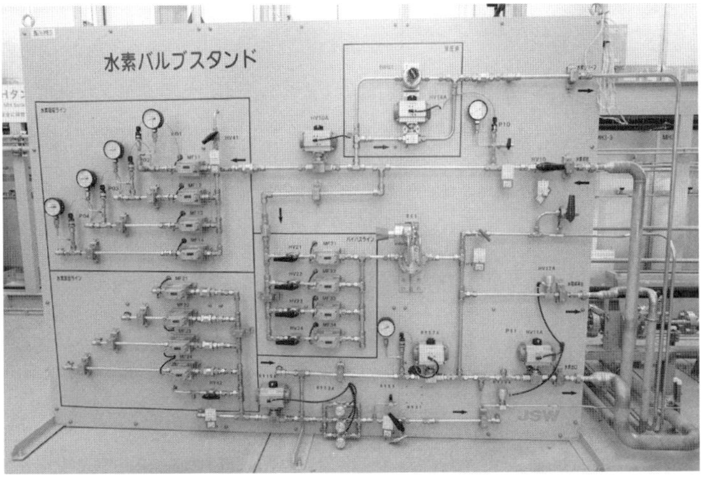

Power to Gas システム実証

ビジネス屋が実証サイトを現地取材

電気から水素をつくり出す！現場最前線を行く

山梨県甲府市米倉山《こめくらやま》で CO_2（二酸化炭素）フリーの水素社会構築を目指した「Power to Gas（P2G）システム」の技術研究が行われている。米倉山は、グリーン水素を含めたエネルギー貯蔵（ストレージ）技術研究開発の一大拠点になっている。2023年3月、小学校の体育館くらいの大きさのP2G実証棟を訪れた。

◇電気事業に深く関わる山梨県

案内してくださったのは、山梨県企業局の坂本正樹室長補佐。

山梨県は古くから電気事業に取り組んできた。例えば、再生可能エネルギー（再エネ）については、1957年に開始された水力発電以降、現在は水力発電27か所、太陽光発電5か所で発電事業を行っている。2010年からグリーンイノベーション推進事業を開始。電気事業の技術力と恵まれた自然環境を活かして再エネを拡大させ、自立・分散型エネルギー社会の構築を目指している。2012年には10MWの米倉山太陽光発電所を東京電力との共同事業として運転を開始。PR施設として「ゆめソーラー館やまなし」を開館。環境学習の場として太陽エネルギーが地球環境へ及ぼす影響や有効性、山梨県の電気の100年の歴史などを学ぶことができるとともに、次世代エネルギーに関する情報発信を積極的に進めている。

―山梨県が日本で初めて10MW規模の太陽光発電所を東京電力と共同でつくった時から、次の時代に向けてストレージの研究が大切だという認識がありました。米倉山を電力ストレージ研究のメッカにしよう、電池には様々な種類がありますが、特に系統用などの多くの電気を蓄える研究をする拠点にしていこう、という考えで事業を進めています。―（坂本氏）

蓄電システム実証研究用メガソーラー

2011年から電力貯蔵技術の研究開発も開始。2014年には電力貯蔵技術研究サイトを開設した。短周期蓄電システムとして超電導フライホイール蓄電システム、短中周期蓄電システムとしてハイブリッド水素電池システムなどを設置。超電導フライホイール蓄電システムは、電力系統の安定化対策だけでなく、鉄道事業における回生エネルギーの利用や大規模工場などの瞬間的な電力利用、電気自動車の急速充電器利用など多用途での活用が期待されている。一方、ハイブリッド水素電池システムは、短時間に大きな電力の出し入れが可能であり、耐久性が高い理由からクレーンや大型の電気設備を使用する工場、MRIなどの医療機器を使用する病院での活用、電力調整市場への活用も期待されている。

—再エネ発電は発電量の変動が大きいので、その変動を取り除くためにエネルギーストレージが重要になってきます。ストレージについては短周期、短中周期、それでも余ってしまう電気は、水素に変換してためていく方針で研究を進めています。—（坂本氏）

2016年にはP2Gシステム技術開発を開始し、2021年6月からは日本でも最大規模の1.5MWのPEM（固体高分子電解質膜）型P2Gシステム実証設備を稼働させ、H2-YES（Hydrogen Yamanashi Energy System）プロジェクトが進められている。P2GシステムのP2Gとは、Power to Gas（パワートゥガス）の略で、太陽光発電や風力発電から生み出される電力（再エネ）で水素やメタン、合成ガス、LPG、アンモニアなどのガスを製造することを指す。米倉山では、太陽光発電の余剰電力を活用して水素を製造している。

具体的には、

- 太陽光発電で電気(Power)をつくる
- 電気(Power)で水を電気分解し、水素(H_2)と酸素(O_2)に分ける
- 分けられた水素(H_2)をためておく

P2G実証棟

500kW 電解槽

水素吸収合金タンク

- 水素(H_2)を必要な時・場所・用途で利用する

この一連の流れをP2Gシステムと呼ぶ。

水素はカーボンニュートラル時代の燃料の1つとして期待されている。しかし、水素自体は自然に存在せず、製造しなければいけないことが社会全体で大規模に活用していくうえでの課題となっている。そのため、製造や貯蔵・利用に関する技術やノウハウを蓄積していく必要がある。P2Gシステムの研究が進むことで、再エネなどの電力を「長期間ためることができる」、「劣化しない」といった特徴をもつ水素に変換し、貯蔵および利用が可能となる。カーボンニュートラル社会の実現に向け、再エネの導入拡大と温室効果ガスの削減において、P2Gシステムに世界中の注目が集まっている。

山梨県企業局
坂本　正樹 氏（写真左）
電気課　新エネルギーシステム推進室
室長補佐
県営電気事業の水力発電や総合制御所の現場を歴任し、電気課研究開発担当として水力開発、米倉山太陽光発電開発に従事。電気主任技術者、高圧ガス製造保安責任者。

◇カーボンニュートラルに向けた水素エネルギーの可能性

水素エネルギーには様々な可能性がある。水素エネルギーを活用していくことで、CO_2を多く排出する化石燃料に依存した電気や熱エネルギーの製造から再エネ主体へと転換できる。再エネ電気は、そのまま電気の需要として使うことが最も効率的である。電化を進めることがカギだが、電化には限界があり、電化できない需要にはやはり燃料が欠かせない。燃料は掘るもの、そういう既成概念を覆し、工場でつくるというパラダイムシフトがここにある。再エネを利用してつくられる水素は「グリーン水素」と呼ばれるが、グリーン水素をエネルギーとして活用すれば製造時も使用時もCO_2を排出しない。つまり、カーボンニュートラルな社会を実現するための最適なエネルギー源の１つになる。

ボイラー燃料として活用できる点も水素の大きな魅力だ。産業界では2050年カーボンニュートラルを目指して、これまでガス、石油、石炭を利用していた部分の「電化」が進められている。しかし、製造現場などを中心に電化が難しい部分が数多く存在している。例えば、天然ガスや石油を燃やした熱で製品をつくったり、石炭からつくったコークスを製鉄に用いたりする製造現場だ。そのような現場では、再エネからつくられたグリーン水素を活用し、「間接電化」を進めていく。現在は熱やガス・石炭・石油を利用し、直接電化できない部分について、グリーン水素をボイラーの燃料として活用（間接電化）し、需給構造の転換を進めていくことができる。

──電気では難しい現場に水素を供給していきたいです。特に蒸気は、産業のあらゆるシーンで使われています。蒸気は使い勝手の良いエネルギーなので、産業の奥深くまで入り込んでいます。それを脱炭素化しないとカーボンニュートラルは実現できません。様々な方法があると思いますが、使う燃料を水素に変えるというのも１つの方法だと思っていま

す。──（坂本氏）

加えて、太陽光発電や風力発電などの再エネを活用することで、海外からの化石燃料の輸入、地域外からの天然ガスや石油の輸送および火力発電由来の電力の送電を減らすことができる。地域内の再エネやヒートポンプ、電気自動車、P2G システムや水素ボイラーを活用することで発電と需要の近接化が実現する。地域内でエネルギーが循環する CO_2 フリーモデルが構築できれば、エネルギーの地産地消が実現し、地方経済の活性化、地方創生にもつながる。

◇国内最大級の規模と実績を誇る米倉山「P2G システム」

（国研）新エネルギー・産業技術総合開発機構（NEDO）の水素社会構築技術開発事業として 2016 年に始まったH2-YES プロジェクトは、山梨県・東レ（株）・東京電力ホールディングス（株）（以降：東京電力HD）・（株）東光高岳が共同で運営。プロジェクトでは、山梨県と東京電力 HD が共同で建設した 10MW の米倉山太陽光発電所で発電された電力が活用されている。

繊維・素材メーカーである東レは、P2G システムの中核となる水素電気分解装置（水を電気分解して「酸素」と「水素」に分ける装置）などを提

P2G システム技術

供。プロジェクトでは、山梨県および各社が一体となった、擦り合わせの技術開発により、電解電圧の高効率化を達成している。

―500kW の電解槽に設置されている電解膜に独自の特徴があります。東レがつくったプラスチックの膜は水素イオンのみを通すので、水が電解質膜の表面を流れている間に水素がつくられます。酸素と水素がプラスチックの膜で隔壁されていることが PEM 型電解質膜の電気分解の特徴の 1 つです。電解質膜が固体であり、電解液がありません。そのため、電解液を利用するアルカリでの電気分解に比べ、とても安全性が高いことが強みです。―（坂本氏）

2.3MW PEM 型水電解装置の運用を通じて、

- 後処理なく、FCV などで利用可能な「純度 99.999％以上の高い水素品質」
- メンテナンスが容易で、専門知識が不要な「安心感」
- MW クラスでシステム最高効率が可能な「コンパクトパッケージ」を確立

東レの取り組み

出原 大輔 氏

HS 事業開発推進室 主席部員・工学博士
燃料電池電解質膜をはじめ水素・燃料電池関連の新事業開発に携わる。リーダーとして水電解・水素圧縮の研究開発、Power to Gas システム実証、経済産業省グリーンイノベーション基金事業などを推進。

東レでは、グリーン水素の製造・輸送・貯蔵・利用のすべての過程で幅広く基幹素材を開発しています。中でも水電解によるグリーン水素製造の効率化や稼働率を革新的に向上させる先端素材が「炭化水素系（HC）電解質膜」です。水電解装置にはアルカリ水溶液を電極間で分解するアルカリ型と、PEM（固体高分子電解質膜）の両側に電圧を加えて水を分解する PEM 型があります。HC 電解質膜は、

●従来の２倍の水素製造という「高効率」

●付加価値の高い調整力を供給できる「高い応答性」

●触媒に貴金属を使用するものの、消費しない「貴金属の有効活用」

なども実現。

H2-YES プロジェクトでは、これまでの活動を通して、水電解は再エネの導入拡大を支え・促す分散型のエネルギー技術として成立し得ると確信し、発電した電気の使い分けが重要と考えている。安定した電気は電力系統へ送電し、電力として利用している。

一方で、P2G システムでは気象条件によって変動を受ける発電（不安定な電力）を利用している。不安定な電気を利用するため、エネルギー・マネジメント・システム（EMS）を使って水電解装置への電力供給をコントロールしながら、

●「つくる」…水の電気分解を利用して水素製造

●「ためる」…水素吸蔵合金で貯蔵（金属内に取り込んで安全に保管）

●「運ぶ」…トレーラーやカードルで、工場などの利用場所に輸送

●「使う」…工場に設置した水素ボイラーで CO_2 フリーの蒸気を発生させ、熱として利用

までの一連の流れを実現している。

このPEM型水電解装置の高性能化を狙って開発したものです。独自の開発により、プロトン（水素イオン）を海外製である従来のフッ素膜に対して、よりたくさん通す高プロトン伝導性と、耐久性や安全性を備えた日本の技術です。

2015年度からNEDO委託事業に単独で参画し、水電解の高性能化をラボレベルで実証していました。ある国際会議の山梨会場で旧知の先生に相談したところ、山梨県の坂本室長補佐をご紹介いただき、その日のうちに意気投合しました。米倉山にはメガソーラーも隣接しており、グリーン水素の製造から輸送・貯蔵、利活用まで一貫した技術開発・実証実験を行える魅力的なプロジェクトになると思いました。広さは世界でも類を見ないと思います。このようなプロジェクトを通して、山梨から世界を変えていきたいと思っています。

—安定した電気は価値の高い電気としてそのまま使っていただくことが一番効率的です。一方で、変動する電気を水素に変えていくという考え方もあります。太陽光は発電が変動しますが、その変動する電気にも強いのが米倉山のP2Gシステムです。水が固体の電解質膜を行ったり来たりするので、電池とあまり変わりません。反応のスピードは蓄電池と同じレベルです。—（坂本氏）

水素製造装置についての説明を聞いていると、とても順調に歩んできたプロジェクトに感じられたが、ここまで来るには多くの歳月がかかったと坂本氏は話す。

—2016年の当初は10kWから始めました。そこから25kW、そして現在の500kW規模へと徐々に大きくしてきました。今のシステムになるまでに4年以上の歳月がかかりました。—（坂本氏）

米倉山には水素製造設備に加え、水素を輸送するトレーラーや水素ボンベをまとめて収納するカードルなどの水素出荷・輸送施設も設置されている。

—つくられた水素は、水素ガス用圧縮機で低圧から高圧へと30分の1程度に圧縮されます。圧縮された水素はボンベにためて、30本ごと

パイプライン

水素の輸送トレーラー

にカードルに収納されます。カードルのまま水素の利用場所へトレーラーで輸送されます。利用先ではカードルに収納されている水素を減圧しながら利用するので、利用先での追加設備が必要ありません。——（坂本氏）

2021年6月から実証は最終段階に突入し、水素の出荷試験も開始した。出荷された水素は山梨県にある（株）日立パワーデバイスの半導体工場およびスーパーマーケット・オギノ向町店で利用。例えば、オギノ向町店では、店舗後方に水素を貯蔵した「水素カードル」と水素の供給により電気を製造する「純水素燃料電池」を設置し、電力を供給することで店舗では環境負荷が低い電力を利用している。店舗を訪れた顧客に「ただいま、水素で発電中」という看板で水素の活用をPRすることで店舗のイメージ向上にも一役買っている。

——水素は産業用として長年利用されているので、出荷や輸送の部分については技術的に確立されています。ですが、発電所の近くの水素製造装置から工場に輸送するには人件費がかかってしまいます。将来的には、工場の近くに水素製造装置を置けるようにしていきたいです。そうすることで水素の輸送コストを抑えることができます。太陽光の余剰電力を送電し、工場の近くで水素をつくることによって、さらなるコストダウンが期待できます。——（坂本氏）

◇拡がる「やまなしモデル」

米倉山でつくられるグリーン水素の利用は年々拡がっている。例えば、サントリーホールディングス（株）は2022年9月に、山梨県と環境調和型の持続可能な社会の実現に向けた基本合意書を締結。カーボンニュートラルの実現に向けて「やまなしモデルP2Gシステム」をサントリー天然水南アルプス白州工場およびサントリー白州蒸溜所へ導入。加えて、周辺地域等で水素を活用する社会実証などにも連携して取り組んでいる。2025 年に国内最大となる 16MW 規模の P2G システムを工場へ導入することを目指している。

大成建設(株)ほかとは、新たに小規模パッケージ化した P2G システムを開発し、電化が困難な産業部門などの脱炭素化を目指す事業を開始。2021 ～ 2025 年度までの 5 年間で、

- 500kW ワンパック PEM 型 P2G システムを開発し、国内の複数地点に導入
- 大容量輸送技術手段の確立に向けた次世代カードル・トレーラーを開発
- 既存インフラと水素エネルギーを最大限活用した脱炭素グランドマスター工場のモデル化
- 建物部材やコーヒー焙煎など難易度の高い水素利用の技術を通じて、業種ごとの脱炭素化を推進

に取り組む予定だ。

(株)キッツは、キッツ長坂工場水素ステーションにおいてグリーン水素の利用を開始。水素は、キッツ長坂工場へ輸送、同工場内の水素ステーションへ供給され、場内で使用する燃料電池フォークリフトなどの燃料として利用している。

―キッツ様には企業ロゴの入った水素のマイボトルをつくっていただいています。マイボトルの企業には、水素を少し安く提供するなどのキャンペーンを実施することで、さらに水素利用を盛り上げていきたいです。―(坂本氏)

水素の出荷(カードル貯蔵庫)

企業との連携に加えて、自治体との連携も積極的に行っている。2022年10月に東京都と山梨県は、再エネでつくるグリーン水素の活用促進に向けて基本合意書を締結。水素の製造地である山梨県と消費地である東京都が連携してグリーン水素の本格活用を進め、脱炭素社会の実現を目指す。具体的には、山梨県産グリーン水素の東京都内における利用促進に関することや、グリーン水素の製造から利用における技術開発の促進に関すること、グリーン水素の広報・普及啓発に関することを進めていく。

福島県とは低炭素社会への転換に向け、P2Gシステムによるグリーン水素を活用し、地域におけるグリーントランスフォーメーション（GX）の先進モデル構築に向けた事業に、連携して取り組む合意書を締結。事業においては、脱炭素化が困難な熱量的・構造的な領域に対して、新しいGXモデルを構築することを目的として、石英ガラス製品の加工で使用されている水素・酸素バーナーとP2Gシステムの融合や、P2Gシステムを含んだ複数の水素製造拠点から複数の需要家への水素供給網の構築実証などに取り組んでいく予定だ。

海外での展開も始まっている。（株）やまなしハイドロジェンカンパニー（YHC）は自動車メーカーのスズキ（株）と共同で、「インドの工場における効率的な熱運用を実現するための水素技術等実証要件適合性調査（インド・ハリヤナ州）」を推進。再エネの導入が進むインド国内において余剰電力を利用し、P2Gシステムによって水素製造を行い、工場内における最適な熱運用システム構築の可能性を検討する。日本とは気象環境が異なる海外において水電解技術を活用し、化石燃料を消費する海外工場でのエネルギー転換の最適プロセスを検討する。

イギリスのスコットランド・グラスゴー市では、グリーン水素を用いたP2Gシステム導入に向けた実証要件適合性等調査を開始。P2Gシステムの海外展開に向けた取り組みの一環として、YHC、東レ、丸紅（株）およびシーメンス・エナジー（株）とともに「再エネ拡大地域における寒冷都市型エネルギー利用の脱炭素化を実現するための、P2Gシステム導入に向けた実証研究（スコットランド・グラスゴー市）／実証要件適合性等調査」を開始。スコットランドの豊富な再エネを利用し、東レ独自の「炭化水素系電解質膜」を搭載したシーメンス・エナジー製のPEM型水電解装置を用いて、YHCが技術力を有するP2Gシステムによってグリーン水素の製造の実証要件適合性などを調査。加えて、寒冷都市型の熱需要等をグリーン水素によりまかなう新たなエネルギー需給システムの構築・運用方法、そして大型施設向け暖房設備や工業用ボイラーでのグリーン水素利活用方法について調査を実施。スコットランドにおける脱炭素化に寄与するとともに、再エネ利用が進むヨーロッパマーケットの知見を日本に取り込む方法を検討し、日本・イギリスのグリーン水素の製造・利活用を含むバリューチェーンの構築と水素社会の実現に貢献することを目指している。

インドネシアでも国営石油会社の化学工場に水素を供給するために地熱発電によるP2Gシステムの開発も行う予定だ。

—スコットランドの冬は寒く、たくさんのエネルギーを使います。風車などで発電したエネルギーを冬の暖房や地域熱供給に使うことを目指しています。—（坂本氏）

電力調整市場向けの取り組みも進めている。東京電力エナジーパートナー（株）およびエナジープールジャパン（株）と連携し、電力ネットワーク内の需給バランス調整を行うポテンシャルの調査を実施。再エネのさらなる普及に向けては、発電量が変動する太陽光や風力などをコントロールすることが重要になってくる。PEM型水電解装置で水素を製造するP2Gシステムは、応答速度が速いため、電力を大きく吸収し、急な電力変更に瞬時に対応することが期待されている。

◇次世代エネルギーシステム研究開発ビレッジ「Nesrad」

水素製造設備を見学した後、2023年3月に開所した「Nesrad（ネスラド）」を案内していただいた。Nesradは、国や民間企業との連携をさらに深め、新たな産業の芽を創造し、県内産業の発展を目指し、世界最先端の蓄電システムや水素・燃料電池などに関する技術者が交流する研究開発拠点になることを目指している。

これまでの米倉山電力貯蔵技術研究サイトで様々な企業と共同し、研究・実証を積み重ねてきた。その経験からエネルギーシステムを社会実装していくためには、多様なジャンルの事業者が一堂に会し、情報交換・情報共有・研究開発などを行うことができる研究拠点を活用した取り組みが不可欠との思いからだ。

―カーボンニュートラル時代に向けて、水素をつくるだけではなく、使うところまでのサプライチェーン全体を構築していきたいです。―（坂本氏）

メガソーラーの変動する電力と大型のPEM型水電解装置により水道水から水素をつくり出し、水素吸蔵合金システムに水素を貯蔵するなど、安全・安心にグリーン水素を構築し、工場などで熱や電力として利用する「やまなしモデルの水素サプライチェーン」が実現している。このプロジェクトには本書の共同執筆者・矢田部氏もコアメンバーとして携わっている。山梨県米倉山には、グリーン水素を中心としたエネルギーの未来像がつまっていた。

（江田 健二）

1

化石燃料の使用期限と脱炭素対策

エネルギーの概況

2020～2022年は、多くの人がエネルギーについて考えるきっかけになったでしょう。これまでエネルギーについては、「あまり考えなくてよかった」、「日頃話題にも挙がらなかった」のではないでしょうか。「安定的に供給されているので、何も考えなくても問題ない」、「多少の価格の変動はあるが、一定レベルに抑えられていてそこまで深刻ではない」、そういった感覚だったのではないでしょうか。しかし、この2～3年間を振り返ってみると、エネルギーの価格にとても振れ幅があることを私たちは思い知らされました。

コロナ禍以前、エネルギーコストは安定的で価格も抑えられている状態が続いていました。しかし、新型コロナウイルスによる世界的な需要減によりエネルギー価格が安くなりました。日本でも2020年4月、新型コロナの影響で、電力を大量に消費する工場や大型商業施設の稼働が減少。法人需要の減少が一因で電力が余り、JEPX（日本卸電力取引所）で売買するスポット価格が下がりました。第4週の平日の平均価格は5円/kWhで、前年同期を38%下回りました。さらに土日では49%安くなり、取引上の下限である0.01円/kWhとなる日もありました。JEPXの価格は0～10円/kWh程度になっていました。

この価格の下落を受けて、在宅勤務者向けに日中の料金を抑えたプランを提案する新電力も登場。ある企業では、在宅勤務や外出自粛の広がりに対応し、日中の電気料金が他時間帯より最大5割減となる「ステイホームプラン」の展開を期間限定で開始しました。また他社では、日中に増えた電気料金の一部を商品券で還元するキャンペーンなども開始されました。翌年2021年5月4日には水準が6～8円/kWhと落ち着きを見せます。

しかし、新型コロナからの復興による需要の急増によってエネルギー価格が高騰します。JEPXの価格は一時、100円/kWhをつけたタイミングもあり、2023年上期時点でも20円/kWh以上の高値で取引されています。同じ商品が数年間の間にこれだけの価格差で取引されるということは、なかなかないのではないでしょうか。

普及が進む太陽光発電の市場価格への影響も大きくなっています。例えば2022年4月、全国システム価格平均は6.69円/kWhと再び落ち着きを見せていました。しかし、その後、雨天・曇天の影響で16～23円/kWhと価格水準は昨年の2～3倍にもなりました。その一方で、日照が期待できる時間帯は、急に最低価格0.01円/kWhが出現するという事象も起こっています。

コロナによる需要減とその後の需要増、ロシアのウクライナ侵攻による資源高、脱炭素社会への移行に伴う再生可能エネルギー（再エネ）の普及など、様々な影響でエネルギーコストは上昇と下落を繰り返しています。

ここでは、

- エネルギーと地政学(ロシア・ウクライナ)
- エネルギーと地球温暖化・脱炭素
- 日本の取り組み
- 技術への期待

の視点からエネルギーの概況について解説します。

エネルギーと地政学(ロシア・ウクライナ)

2022年6月、国際エネルギー機関（IEA）は、ロシアのウクライナ侵攻でヨーロッパのエネルギー危機が深刻化したことを受けて、この冬にヨーロッパがエネルギー不足に直面する可能性があるとの見方を示しました。同時に、エネルギー価格の高騰により、電力料金が上昇しています。

ロシアのウクライナ侵攻前の2021年の秋頃から、特にヨーロッパにおいて、再生可能エネルギーを補完する資源として、LNG（液化天然ガス）・天然ガスの需要が伸びており、価格が高騰していました。そこにウクライナ危機が重なり、ロシアからヨーロッパへのパイプライン経由の天然ガスの供給が減少し、価格が急騰。ヨーロッパ価格(TTF)は過去最高値を更新しました。

その後、ヨーロッパは地理的に近接するアメリカのLNGの輸入を増やしていたことから、アメリカの天然ガスの在庫減少につながり、アメリカの天然ガス価格も高騰しています。また、アジア価格（JKM）についても歴史的高値で推移しており、市場が安定していた2019年などと比較すると５倍程度の価格となっています。今回のことでエネルギー供給の脆弱性が明るみになりました。

（1）ロシア産エネルギーへの依存

特にヨーロッパは、ロシアの天然ガスに依存をしていたこともあり、エネルギー価格の高騰の影響を全面的に受けました。ヨーロッパのロシア産エネルギーの依存度について、例えばイギリスは石炭の36％、フランスは天然ガスの27％、イタリアは石炭の56％と天然ガスの31％をロシアからの供給に依存しています。

ドイツに至っては、2020年時点で石炭・天然ガス・石油ともにシェア１位で３～５割を依存しています。そのような状況の中、ロシアの国営天然ガス企業Gazpromは、2022年９月２日にドイツにつながるガス供給パイプライン「ノルドストリーム１」において、稼働停止を無期限に延長すると発表しました。2021年に完成した「ノルドストリーム２」については、ウクライナ侵攻を理由にドイツ政府が稼働開始を見送っていました。さらに、2022年９月下旬にはノルドストリーム１、２でガス漏れが発生するなど、ドイツのエネルギー事情にとって大打撃といえる状況でした。日本の依存度は、経済産業省によると、日本の一次エネルギーの自給率は11％で、輸入原油のうち約４％、輸入天然ガスのうち約９％、輸入石炭のうち約11％をロシアに依存しています（2020年時点）。

（2）エネルギーコスト上昇とその影響（イギリス）

イギリスでは、ガス価格指数は2022年第１四半期に昨年同期比の70％増となりました。エネルギー価格の上昇は企業にとって重大な懸念材料になりつつあります。エネルギーコストは企業が値上げを検討する主な要因になっており、企業の約46％がエネルギー価格のため2022年10月に値上げを検討すると回答しました。イギリス国家統計局（ONS）によると、エネルギーコストの高騰とサプライチェーンの停滞で2022年第２四半期、イングランドとウェールズで建設業、卸売・小売業、宿泊・飲食サービス業を中心に5,629社が倒産しました。ONSによると、22%の企業がエネルギー価格を主な懸念事項に挙げています。

イギリスのガス・電力供給会社National Grid ESOは、エネルギー危機がこのまま続けば2022年の冬、数百万世帯が1日3時間の計画停電を強いられるおそれがあると警告しました。計画停電を避けるためには、一般家庭はピーク時に暖房を弱めるなどの徹底した省エネが求められました。結果として、暖冬であったため深刻な事態は避けられました。

（3）エネルギーコスト上昇とその影響（ドイツ）

ドイツでは、発電や製造業の燃料としてロシアの天然ガスに依存していましたが、ロシアが供給を絞ったため、前例のない困難に直面しています。需給ひっ迫の深刻化でエネルギー価格は持続的に上昇。ドイツの電気・ガス価格はわずか2か月で2倍余りに上昇しました（2022年8月時点）。ヨーロッパの指標である1年先の電力価格はメガワット時当たり540ユーロを超えました。ちなみに、2年前の同価格は40ユーロでした。

27か国に工場をもつ世界2位の化学メーカーEvonik Industries AGの広報担当者、マティアス・ルーシュ氏は、「国際的に競争する多くのエネルギー集約型企業にとって、価格が重い負担となっている」と述べています。Evonikは、ドイツ工場で使用する天然ガスの最大40%を液化石油ガスと石炭で代替する準備を進め、コスト上昇分の一部は顧客に転嫁する予定です。政府は2023年1月から、電気代とガス代に上限を設定するなど総額2,000億ユーロのインフレ対策を行っています。しかし、90年以上続いた老舗の紙メーカーHakleが2022年9月に破産申請をするなど、政府の対策が間に合わず経営破綻する企業も出ています。

2022年秋にドイツ商工会議所連合会が行った景況感アンケートに対し、ドイツ製造業の9割以上が「エネルギー・原材料価格がリスク」と回答。エネルギー危機倒産は、今後もさらに増えると見られています。政府は来年のGDP成長率の見通しを、これまでの2.5%から−0.4%に下方修正しています。

ロシアのウクライナ侵攻は、再生可能エネルギーをさらに普及させ、脱炭素社会に進もうとしているタイミングで起こりました。ヨーロッパ連合(EU)は、予定していた天然資源がロシアなどから入って来ないことで、非常に辛い立場に立たされています。今回の侵攻は、将来的にはロシアからのエネルギー依存を抜けるきっかけとなり、EUが、エネルギーの安定性、安全性をより強固にするきっかけになるかもしれません。しかし、それまでの道のりは険しいものになるでしょう。

(4) 日本への影響

EUはロシアからの天然ガスに頼れなくなり、今、他の地域から天然ガスを積極的に調達しています。そういった理由からも天然ガスの値段の高騰が進みました。そして、それが日本のエネルギーコストにも影響を与えています。2021年冬期は燃料制約から、電力価格は全国システム価格平均が17.21円/kWと異例の高騰となりました。これは前年より10.5円/kWh近く高い水準です。

他の面でも日本のエネルギーにロシアのウクライナ侵攻の影響が出ています。具体的にはサハリン1、サハリン2のプロジェクトです。サハリンプロジェクトとは、ロシア・サハリン島を取り巻く9つのエリアで石油・天然ガスを開発する大規模プロジェクトで、世界の石油メジャーなどが多数参加しています。

サハリン1は、アメリカ、ロシア、インド、日本が共同で出資する形で事業を行っており、主に石油の出荷を行っていました。日本は政府が50%を出資する「SODECO（ソデコ）・サハリン石油ガス開発」に大手商社や石油資源開発などが参加し、この会社を通じてプロジェクトの30%の権益を保有しています。ウクライナ情勢を受けて、アメリカの石油大手ExxonMobilは撤退しました。

サハリン2は、事業主体の企業にロシアのGazprom、イギリスの大手石油会社Royal Dutch Shell、日本からは三井物産や三菱商事が出資しています。生産されるLNGのおよそ6割は日本の電力会社とガス会社が長期契約で購入していて、日本が輸入するLNGのおよそ1割を占めています。サハリン2でも、ウクライナ情勢を受けてShellは撤退を決めました。日本は自国のエネルギーセキュリティを考えた時に、このサハリンプロジェクトから撤退するという判断には至りませんでした。

エネルギーと地球温暖化・脱炭素

2021年8月、気候変動に関する政府間パネル（IPCC）は、産業革命前と比べた世界の気温上昇が2021～40年に1.5度に達するとの予測を公表しました。2018年の「1.5度報告」発表時の想定より10年ほど早くなり、人間活動の温暖化への影響は疑う余地がないと断定しました。また、IPCCは自然災害を増やす温暖化を抑えるには、二酸化炭素（CO_2）排出を実質ゼロにする必要があると指摘しました。

地球温暖化と直接的な関連があるかは議論が残されていますが、世界各地で異常気象による災害が起きています。そして、それはエネルギーとも密接に関係しています。直近では例えば2022年9月、アメリカ・カリフォルニア州に熱波が襲来し、電力危機が発生しました。少なくとも2万軒の停電が発生。電力網の運営機関は連日の節電要請をしており、計画停電に陥るおそれも出ていたほどです。各地で山火事も起きており、気候変動の影響が深刻化しているといわれています。このような事象を受けて、世界で脱炭素社会を目指す動きが強まっています。

国際エネルギー機関（IEA：International Energy Agency）は、2021年5月に「Net Zero by 2050 A Roadmap for the Global Energy Sector」を公表しました。この報告書は、2021年11月にイギリスで開催された国連気候変動枠組条約第26回締約国会議（COP26）に向けて作成されたものです（**図1**）。

多くの国でCO_2排出をネットゼロにする目標を掲げていますが、各国の目標値が達成されても、2050年の世界全体のCO_2排出量は約220億tになるとしています。また、2100年までの気温上昇は約2.1℃になると見通しています。この報告書では、2050年までにネットゼロにするためのロードマップが示されています。2050年のネットゼロを実現するにはエネルギーの

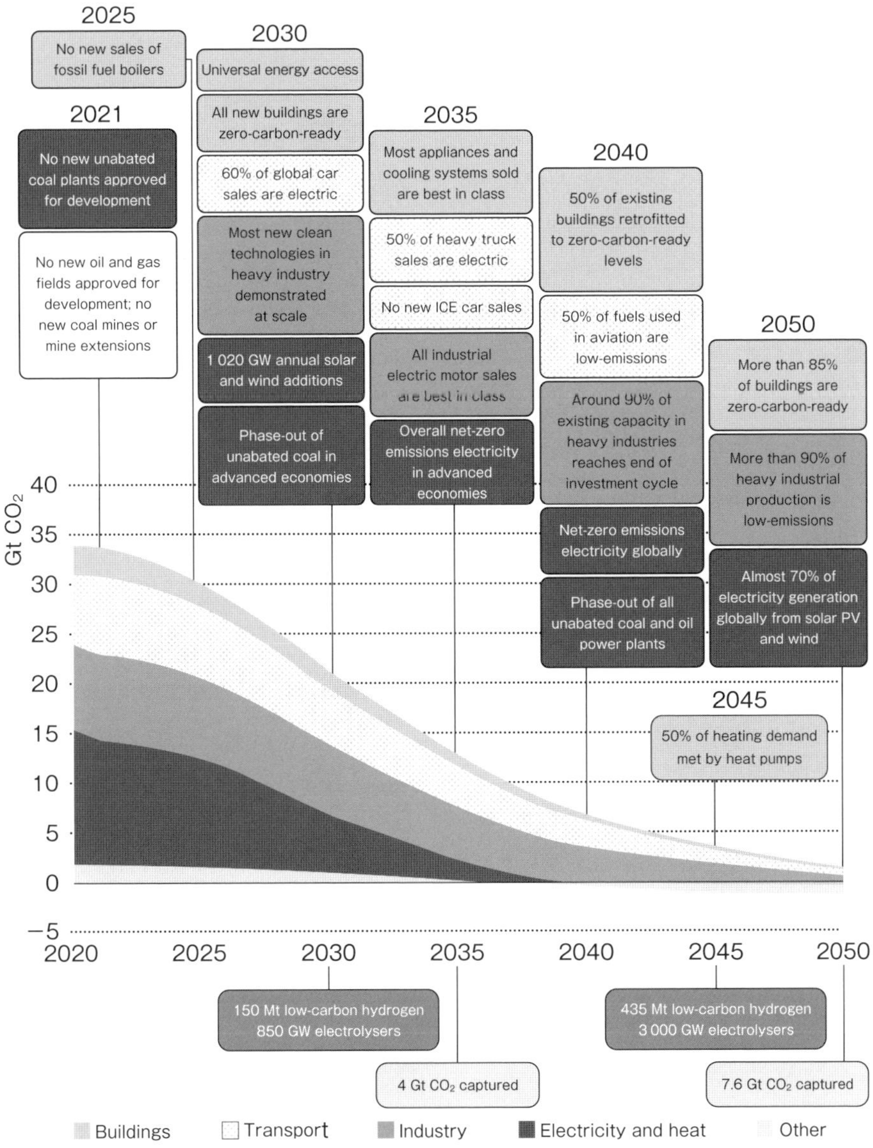

図1　IEAのNet Zero by 2050 A Roadmap for the Global Energy Sectorで示されたロードマップ

出典：IEA、Net Zero by 2050 A Roadmap for the Global Energy Sector

図２　IEA が公表したロシア産ガス依存を低下させるための 10 の取り組み
出典：IEA、A 10-Point Plan to Reduce the European Union's Reliance on Russian Natural Gas

生産・利用・輸送方法を抜本的に変える必要があること、特に需要対策は電化の推進が謳われています。さらに、蓄電池、水素製造（水電解）、CO_2 を空気中から直接回収する技術（DACs）などの温暖化対策に関する研究開発費を増やすこと、CO_2回収・貯留（CCUS）やグリーン水素など、イノベーション技術の投入も必要だとしています。また、雇用の変動についても触れており、脱炭素に向けた取り組みで化石燃料部門では500万人の雇用が減る一方で、2030年に向けて1,400万人の新規雇用が生まれると述べています。

この報告書の発行以降にロシアによるウクライナ侵攻が始まったため、現在では温暖化対策よりエネルギー安全保障に軸足がおかれつつありますが、2022年3月に公表した「A 10-Point Plan to Reduce the European Union's Reliance on Russian Natural Gas」（**図2**）でも、例えばヒートポンプの導入など同様の対策が記載されているため、エネルギー安全保障の観点からも、これらの対策は有効だと思われます。

そこで、ここではEU、アメリカのエネルギー政策を紹介します。

（1）環境問題に先進的なEU

EUでは2018年11月、欧州委員会が2050年の脱炭素経済の実現を目指す「A Clean Planet for all（すべての人のためのクリーンな地球）」というビジョンを公表。2019年12月にはヨーロッパグリーンディール戦略を実行しました。2030年までの温室効果ガス55%削減、2050年までの脱炭素を達成するため、資源効率的かつ競争力のある経済への移行を掲げる50の行動計画を提唱しています。ここでは、経済、産業、社会のあらゆる分野を対象としています。

新型コロナウイルスの発生が、ヨーロッパグリーンディールをさらに加速させます。コロナからの経済的復興として「グリーン・リカバリー」という考え方を打ち出しました。グリーン・リカバリーとは、温室効果ガスの発生を抑えたグリーンな経済復興（リカバリー）という意味です。具体的には、気候変動への対応や生物多様性の維持といった課題解決に向けて、再エネや電気自動車（EV）などの分野に重点的に資金を投じ、雇用や業績の拡大で成果を引き出すというものです。EUは復興基金として総額7,500億ユーロを拠出。復興基金の約3分の1は気候変動対策にあてられ、EU次期7カ年中期予算を合わせると過去最大規模の環境投資を行う刺激策となっています。

(2) 炭素国境調整メカニズム

EU理事会と欧州議会は2022年12月13日、炭素国境調整メカニズム（CBAM《シーバム》：Carbon Border Adjustment Mechanism）の設置に関する規則案を条件つきで合意に達したと発表しました。

CBAMとは、EUに輸入される特定の製品の生産過程で発生した炭素排出量に対する価格の支払いを求める制度です。EUがEU排出量取引制度（EU ETS）などの温室効果ガス削減規制を強化する一方で、規制の緩いEU域外に製造拠点を移転させることや当該地域からの輸入増加が想定されます。このためEU域内の事業者とEU域外の事業者との間でカーボンニュートラルに向けた対策に差が生じないように、CBAMの対象となる製品を域外から輸入する際に、域内で製造した場合にEU ETSに基づいて課される炭素価格に対応した価格の支払いを義務づけるものです（**図3**）。

CBAMは、2021年7月に欧州委員会が提案した気候変動政策パッケージに含まれる施策の1つで、鉄鋼、アルミニウム、セメントなどの素材系産業の製品・原料や、電力など特に影響の大きい輸入品を特定して、製品当たりのCO_2排出量に基づいてCBAM証書の購入を輸入者に課すことが検討され

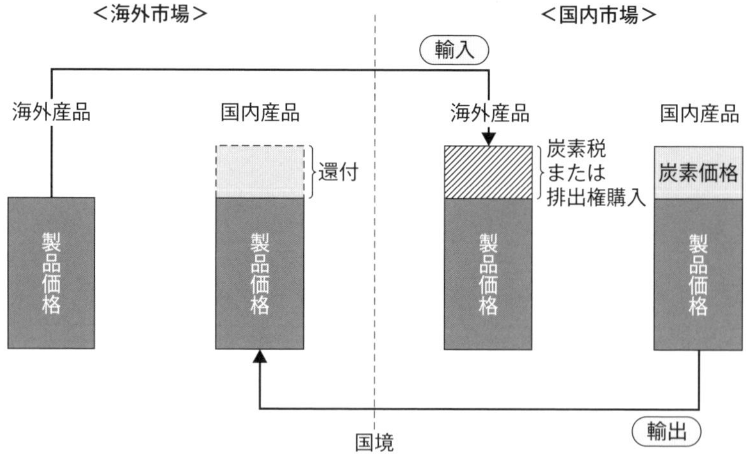

図3　炭素国境調整メカニズムのイメージ

ています。

日本からEUに輸出しているCBAMの対象品目である鉄鋼、アルミニウム、セメント、肥料の取引量はわずかであることから、直接的な影響は小さいと考えられます。しかし、EU向けに輸出されていた製品の輸出先の変更や、国内企業が日本やEU以外で生産した輸出品が対象となることも考えられ、間接的な影響を受けるおそれがあります。

今回の政治合意において注目しておきたいことは、適用範囲の拡大です。規則案が適用される製品として鉄・鉄鋼、アルミニウム、肥料、電力としていましたが、水素も新たに加えられています。

EUでも日本同様に、電化が困難な需要におけるカーボンニュートラル対策に水素を重視し始めています。欧州委員会は、2022年5月に発表したロシア産化石燃料依存からの脱却計画「REPowerEU《リパワー》」において、域外からの水素の輸入量を2030年までに年間約1,000万tにまで引き上げたので、輸入水素には大きな影響があると思われます。

水素のほかにも鉄鋼石、フェロマンガンなどの製鉄の原材料となる合金や、ねじなど鉄鋼製品の一部も新たに対象に加えられています。さらに欧州議会が求めている有機化学品やポリマーなどのケミカル素材を対象範囲に含めるか否かについて、2026年までに検討することとしています。

このように、2022年末時点で欧州議会において欧州委員会が提出した法案の審議が進められています。しかし、欧州議会の中でも制度設計において様々な意見があり、今後の議論も難航することが想定されています。

（3）「REPowerEU」計画

EUは、ヨーロッパグリーンディールのもと化石燃料から再生可能エネルギーへのシフトを強力に推し進めていますが、天然ガスなど化石燃料に大きく依存しており、燃料調達はEU域外からの輸入に頼っています。天然ガス、石油、石炭いずれも最大の供給元はロシアであり、特に天然ガスはロシアからの輸入が4割を超えます。ロシアのウクライナ侵略により国際エネルギー情勢が激変したことから、ロシア産化石燃料への依存が大きいヨーロッパでは、ロシア依存脱却に向けて2022年3月8日、欧州委員会がロシア産ガス依存の解消を目指すREPowerEU計画の概要案を発表しました。REPowerEU計画は、欧州委員会の政策文書として指針や方向性を示すものであり、具体的には法令ごとに欧州議会と欧州理事会の立法手続きを経ることになります。

内容としては、

- 省エネルギー
- エネルギー調達先の多様化
- 再生可能エネルギーへの移行の加速化

の3つの施策が謳われています(**図4**)。

REPowerEU計画達成のためには、2027年までに2,000億ユーロ以上の追加投資が必要と推計しており、欧州委員会はその財源として、既存の復興基金の中核政策「復興レジリエンス・ファシリティ（RRF)」の融資空き枠、

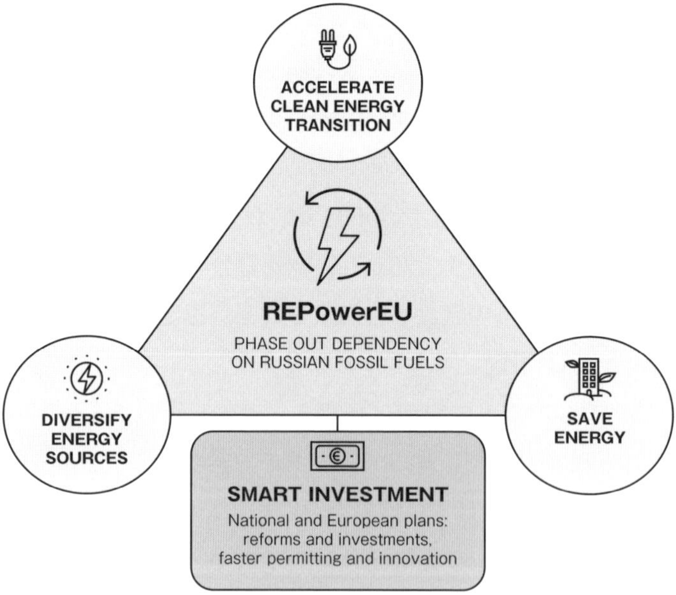

図4　REPowerEUのイメージ
出典：EU、REPowerEU Plan

EU-ETS 排出枠のオークション収入などから、合わせて約 3,000 億ユーロの資金を捻出する計画です。欧州委員会は RRF の改正案を提示しており、加盟国に対して、REPowerEU 計画の目標に合わせた改革案と投資計画を国別復興計画に組み込むことを求める方針としています。

基本的な方針としては、これまで欧州が進めてきた 2050 年までのカーボンニュートラル化への取り組みを強化・加速化する方向にコミットメントを強めるものです。しかしながら、天然ガスの調達方法の転換やインフラの整備には時間がかかります。そこで REPowerEU 計画では短期的な対応策と、中長期的な研究開発や投資促進を含めた 2027 年までの施策、加えて財源の確保や規制緩和を組み合わせた包括提案として構成されています。

欧州委員会は、ウクライナ侵略でエネルギー危機が顕在化してから 1 か月で REPowerEU 計画の青写真をつくり、その 70 日後には政策パッケージまで公表したことになります。

RRF は返済不要の補助金と融資からなりますが、2,250 億ユーロ分の融資枠がまだ残っているとして、加盟国は新たな融資を申請できるとしました。また、RRF 枠内での補助金の 200 億ユーロ増額や、他の EU 予算からの組み換えにより、融資分と合わせて全体で約 3,000 億ユーロの資金投入が可能としています。

(4) 大統領によって政策が変わるアメリカ

アメリカは、大統領によって脱炭素戦略やエネルギー政策が大きく変わります。例えば、民主党のオバマ大統領の時代 (2009 ～ 2017 年) は、地球温暖化対策に積極的でした。就任後は、再生可能エネルギーや電力網のデジタル化を推進します。しかし、2009 年の COP15 (国連気候変動枠組条約第 15 回締約国会議) が不調に終わり、アメリカ政府が支援していた太陽光パネルメーカーの破綻などもあり、エネルギー転換は道半ばとなってしまいます。

オバマ大統領を引き継いだ共和党のトランプ大統領 (2017 ～ 2021 年) は、政策を 180 度転換します。トランプ大統領は、気候危機自体を認めず、驚くべきことにホワイトハウスのホームページから気候変動 (climate-change) に関する記述を削除してしまいます。もちろん、オバマ大統領時代に署名したパリ協定からも離脱します。トランプ大統領の支持基盤の１つは、いわゆる「ラストベルト（錆びついた工業地帯）」と呼ばれる中西部地域と大西洋岸中部地域や、アメリカの中央部の州です。これらの地域では、石炭や石油産業に従事する人が比較的多く、彼らの支持を集めるという狙いがありました。

そして、2021年１月に民主党のバイデン氏が大統領となり、再度180度転換します。就任と同時にパリ協定に復帰。加えて、温暖化対策に関する省庁横断的な組織を設置します。2030年までに温室効果ガスの削減を50～52％と宣言し、２兆ドルを超える投資によりEVステーションの拡充や電力網の整備を発表しています。このように、アメリカの脱炭素の考え方は一枚岩ではありません。大統領が誰になるかによって、国のエネルギー政策が大きく変わるのがアメリカの特徴です。

一方で、アメリカは民間企業の動きも注目すべきです。政府に匹敵するほど大きな影響力をもつテック企業群のGAFAMも脱炭素分野に巨額の資金提供を行っています。Amazonの創業者ジェフ・ベゾス氏はアースファンドを創設。2030年までに100億ドルを拠出することにコミットしています。EVで有名なTeslaの創業者であるイーロン・マスク氏は、エアコン事業にも参入し、クリーン社会の実現を目指します。また、CO_2を大気中から永久に取り除くために最も効果的な技術を開発した人に１億ドルの賞金を贈るXPRIZEコンテストを発表しました。Appleでは、事業全体、製造サプライチェーン、製品ライフサイクルのすべてを通じて、2030年までに気候への影響をネットゼロにすることを目指しています。2022年４月時点で、Appleの主要な製造パートナーのうち213社が、25か国でApple製品の製造をすべて再生可能電力でまかなう取り組みに参加をしています。これらによって、年間300万台の自動車が道路から消えてなくなることに相当する温室効果ガス削減効果があるということです。

（5）インフレ抑制法

バイデン大統領は2022年８月16日、「インフレ抑制法」案に署名し、同法が正式に成立しました。インフレ抑制法制定の背景にはコロナウイルスによって経済的にダメージを受けたアメリカ社会を立て直すため、特に中堅層の生活をもとに戻すために行った財政政策です。この財政政策には総額２兆ドルの「アメリカ雇用プラン」と総額1.8兆ドルの「アメリカ家族プラン」の２つのプランが中核をなしています。

アメリカ雇用プランはインフラ分野に特化した「インフラ投資雇用法」が2021年11月５日に成立しています(**表１**)。

アメリカ家族プランは気候変動対策に力点が置かれたインフレ抑制法が提案されました。しかし、炭産地であるウェストバージニア州選出の民主党議員であるジョー・マンチン氏が、その財源が国民の負担をむしろ増やすことにつながるとして同法案に対して異議を唱えたことから、成立が危ぶまれました。これに対し、納税対象を大企業と超富裕層とすることと、10年間(2022～2031年)で約3,000億ドル規模の予算規模圧縮により、中堅層と中小企業の納税が抑制される見通しが立ちました。これにより、消費を下支えしている中堅層にとっては、インフレによる家計の負担を軽減することで消費意欲の減衰に歯止めがかかることと、その消費意欲からエネルギーや製品の国内需要が伸びることでアメリカ内のエネルギー事業者や製造業の生産量の増加が期待されます。結果として雇用や収入の増加が見込まれる、このことがインフレ抑制法の目指すところです。予算規模圧縮と併せて財政赤字を約7,390億ドル減らし、それを原資としてエネルギーと気候変動の分野に3,690億ドルを投じることとしています。

異議を唱えていたマンチン氏も2022年７月にインフレ抑制法を支持する

表１　インフラ投資雇用法の予算概要

１．電力供給網強靭化	277億ドル
２．クリーンエネルギーサプライチェーン	77億ドル
３．水素研究開発	92億ドル
４．原子力インフラ	60億ドル
⇨風力・太陽光発電、省エネ、次世代原子炉、CO_2回収貯留、研究・開発プログラム多数	

表２　インフレ抑制法の債務削減効果と投資額

投資予算	4,330 億ドル
エネルギーセキュリティ・気候変動	3,690 億ドル
社会保障拡充	640 億ドル
歳入増加	7,390 億ドル
最低法人税率導入	3,130 億ドル
処方薬価格引下げ	2,880 億ドル
IRS 税収増加策	1,240 億ドル
自社株買い課税	140 億ドル
（差し引き）債務削減効果	3,060 億ドル

表明をしたことにより、2022 年８月 16 日に同法が成立しました(**表２**)。

インフレ抑制法には、気候変動対策、EV の導入、メタンガスの排出削減対策などが盛り込まれています。中でも気候変動対策には重要な施策が盛り込まれているので簡単に紹介します。

まず１つ目がグリーン生産設備の導入です。太陽光パネル､風力タービン､バッテリーなどを製造するための設備投資や、化学、鉄鋼、セメントの工場などで大気汚染を削減するために導入する設備に対して税額控除が受けられるものです。

２つ目が太陽光発電設備の税額控除です。これは現在行われている家庭での太陽光発電設備の設置に対する税額控除を延長するものです。太陽光発電設備などについては、購入額の 30％まで税額が控除されます。

３つ目が CO_2 回収・貯留（CCS)、直接空気回収（DACs)、石油増産回収(EOR) などの税額控除です。2032 年までに建設を開始した CCS 関連施設を対象に、既存の税額控除額を拡充するとともに DACs や EOR の施設も追加で対象となります。

４つ目が省エネ機器の購入に対する一部還付です。ヒートポンプなど省エネ機器を購入する場合、１世帯当たり最大１万 4,000 ドルを還付する予定です。

そのほか、原子力発電、持続可能な航空燃料（SAF：Sustainable Air

Fuel)、クリーン水素などの燃料エネルギー製造に対する税額控除制度が新設されます。

以上が気候変動対策の主な施策です。

電気自動車（EV）の導入は中古車および新車を購入した場合、購入者はそれぞれ最大4,000ドルと7,500ドルの税額控除を受けられます。従来は、税額控除の要件としてメーカー当たりの累計販売台数に上限が設けられていましたが、これは撤廃されることとなりました。しかしながら、適用条件が厳しくなったことから控除対象の車種が限定される模様です。

インフレ抑制法は前例のない予算規模であることや、エネルギーと気候変動に重点的に施策が講じられていることから、本格的な気候変動に向けた法律としての位置づけが濃いと思われます。いわゆるCO_2排出に伴うカーボンプライスでの抑制というよりは、経済を活性化させて新たに財源を創出し新技術の導入を加速させることがヨーロッパの施策と異なり特徴的です。アメリカ民主党は、この法律による2030年での温室効果ガス排出削減効果が2005年比で約40%と見込んでいます。レファレンスケースでは、2030年での温室効果ガスの排出削減は25～30%減に留まる模様だったので、同法は10%以上の追加対策として期待されていますが、パリ協定の削減目標（50～52%減）までは、まだ10%分の乖離が生じており、この乖離の穴埋めは今後の課題といえるでしょう。

（6）地域クリーン水素ハブプログラム

アメリカでは、インフラ投資雇用法により、全米で少なくとも4つ以上の大型水素プロジェクト（水素ハブプログラム）に向けて80億ドルが計上されました。この水素ハブプログラムが公表されて以来、カーボンニュートラルな水素を巡り、各州や地域の活動が活発になっています。このプログラムは、生産者、消費者、地域の接続インフラのネットワークを構築することで、クリーンな水素の利用を加速させることを目的としています。クリーンな水素は、州や連邦政府の排出量削減目標の達成に必要なものとされています。

水素ハブプログラムのコンセプトは、全米のイニシアティブから生じたものです。2022年9月にアメリカエネルギー省(DOE)が「国家クリーン水素戦略およびロードマップ」のドラフト版を発表し、地域の水素ネットワークを促進する新しいクリーン水素ハブの必要性を謳いました。

また、地域クリーン水素ハブプログラムのための資金調達機会の公募(FOA)も発表しました。このFOAでは、DOEが600万ドルから700万ドルの政府補助金適用先として6～10地点のハブを選ぶこと、さらに追加採択も計画されています。このFOAでは、各地域の水素ハブのコンセプトペーパーを2022年11月に締め切り、2023年4月に正式な申請、2023年秋にDOEによる採択が予定されています。

2022年末の時点で、20地点以上の水素ハブがコンセプトペーパーを提出しています(**図5**)。ただ、コンセプトペーパーの段階ではすべて予備的なも

*Has state emissions reduction goals				
● Targeted	– Not Targeted	? Unknown/Undefined	////// Initial Stages	■ Final Stages

Partnership	State Partners	Hub Name	Targeted Feedstocks: Renewables	Fossil Fuel+CCS	Nuclear	Targeted End-Uses: Industry	Transportation	Power	R&C Heating	Development Stage: Phase1	Phase2	Phase3	Phase4
Public-Private	AR, LA*, OK	HALO Hydrogen Hub	●	●	●	●	●	●	–	Initial Stages			
	AZ	Arizona Hydrogen Hub	●	–	●	●	●	●	–	Initial Stages			
	CA*	California Hydrogen Hub	●	–	–	●	●	●	–	Final Stages			
	CA*, UT	HyDeal LA (and Intermountain Power Project)	●	–	–	●	●	●	●	Final Stages			
	CT*, MA*, ME*, NJ*, NY*, RI*	Northeast Hydrogen Hub	●	–	–	●	●	●	●	Final Stages			
	GA	Georgia Hydrogen Hub	?	?	?	?	?	?	?				
	IL*, KY, IN,MI*, MN*, OH,WI*	Midwestern Hydrogen Coalition	●	●	●	●	●	●	–	Initial Stages			
	KY, OH, PA*, WV	Appalachian Regional Clean Hydrogen Hub (ARCH2)	–	●	–	●	●	●	–	Initial Stages			
	MS	Mississippi Clean Hydrogen Hub	–	●	–	●	–	–	–	Final Stages			
	ND	Great Plains Hydrogen Hub	–	●	–	●	●	–	–	Final Stages	Initial Stages		
	NE	Nebraska Hydrogen Hub	–	●	–	●	–	–	–	Initial Stages			
	OH	Great Lakes Hydrogen Hub	●	–	●	●	●	–	–	Final Stages			
	OR*, WA*	Northwest Hydrogen Hub	●	–	–	?	?	?	?	Initial Stages			
	PA*	Pennsylvania Hydrogen Hub	–	●	–	●	–	–	–				
	TX	Houston Hydrogen Hub	●	●	–	●	●	●	–	Final Stages			
	TX	Port of Corpus Christi Hydrogen Hub	●	–	–	●	●	–	–	Final Stages			
Private	FL	Cavendish NextGen Hydrogen Hub	●	–	–	–	–	●	–	Final Stages	Initial Stages		
	ID,OR*, WA*	Obsidian Pacific Northwest Hydrogen Hub	●	–	–	●	●	●	–	Initial Stages			
	OH, PA*, WV	Ohio River Valley Hydrogen Hub	–	●	–	●	–	–	–	Final Stages			
	TX	Hydrogen City	●	–	–	●	●	●	–	Final Stages			
Public	CO*,NM*,UT,WY	Western Inter-States Hydrogen Hub	●	●	–	?	?	?	?	Initial Stages			

For more information about the sources that inform this table, see the table documentation note below.

図5 コンセプトペーパーを提出した水素ハブプロジェクト

出典：Hydrogen Hubs Proposals: Guideposts for the Future of the U.S. Hydrogen Economy、2022.07 Morgan Higman (the Center for Strategic and International Studies)

のであり、各水素ハブの提案の開発段階を把握することが重要であることから、申請を前にプロジェクトの総数とその実現可能性を調査した段階であるといえるでしょう。

DOEは、化石燃料を多用する地域に位置する２つの水素ハブプロジェクトに資金を提供することを法令上要求されています。化石燃料と炭素回収・貯留を組み合わせたブルー水素を製造する計画です。水素は製造工程の違いから「グリーン水素」、「ブルー水素」、「グレー水素」などと色分けされて呼ばれています。グリーン水素は水から再生可能エネルギーを使った電気分解で水素を取り出します。ブルー水素は製造過程で出てきたCO_2を地中に埋める手法を用います。グレー水素は製造過程でCO_2を排出する水素のことです。提案されているハブの多くは、石油精製、鉄鋼生産、化学用途、肥料向けアンモニアに焦点を当てています。産業部門が水素利用の最も期待される需要であり、現在の水素需要の大部分も占めています。港湾や空港の物流におけるその他の産業用途も、将来の水素需要源として期待されています。

輸送部門は、産業部門に続きアメリカでは２番目に大きな最終需要と見なされています。特に大型トラックと長距離輸送車両はバッテリーEVよりも燃料電池自動車（FCV）の方が航続距離の長さなどの点で優位性があるとされています。また、貨物鉄道や海運など、より地域に特化した用途も提案されています。

さらに発電も重要なセクターです。天然ガスと混合して燃焼させることでガスタービン発電所から排出されるCO_2を削減させることを目的としています。さらには将来、水素専焼も目指しているハブもあります。

また、水素の貯蔵の可能性に着目しており、アメリカでは現在のところ、バッテリー貯蔵よりも水素貯蔵の方が低コストであると見なされていることから、再エネ発電の出力抑制を避けるためのリソースとして期待しているハブもあります。

DOEは、水素ハブプログラムを通じて６～10のハブに補助金を交付することとしていますが、コンセプトペーパーを提出した水素ハブの半分に留まります。しかし、最終選考に残らなかった水素ハブにも別の支援方法が用意されているといわれています。

水素ハブのプロジェクトはただちにビジネスにつながらなくても、また実現への道筋を確保できなくても、最終目標は全国的な水素社会に向けたエネルギーネットワークとカーボンニュートラルな経済の確立であるため、そのような社会の青写真として期待されているのです。

製造業が屋台骨の日本の取り組み

日本は製造業が多く化石燃料の利用比率が高いことから、脱炭素への移行が難しいといわれてきました。しかし、2020年10月の菅総理大臣(当時)の第203回国会の所信表明演説で、「2050年カーボンニュートラル、脱炭素社会の実現を目指す」ことを宣言しました。演説の中で、温暖化への対応は経済成長の制約ではなく、逆に積極的に取り組むことで、「産業構造や経済社会の変革をもたらし、大きな成長につながるという発想の転換が必要」としています。そのために、カーボンリサイクルをはじめとした革新的なイノベーションの促進、グリーン投資のさらなる普及、環境関連分野のデジタル化、省エネルギーの徹底、再エネの最大限導入といった方針を掲げています。

再エネの導入の動きとしては、2012年7月のFIT（固定価格買取制度）開始により、導入量は大幅に増加しました。2011年度10.4%（1,131億kWh）から、2020年度19.8%（1,983億kWh）に拡大。2021年10月に閣議決定された第6次エネルギー基本計画では、2030年度の温室効果ガス46%削減に向けて、再エネの電源構成比を36～38%（3,360～3,530億kWh）とする目標値が示されています。

このような状況を踏まえ、2021年12月、岸田総理大臣は第207回国会の所信表明演説で気候変動問題に関して言及しています(**表3**)。ポイントとしては、

- あらゆる分野での電化
- 燃料の水素化・アンモニア化

表３　クリーンエネルギー戦略策定に向けた岸田総理大臣の施政方針演説

（３）気候変動問題

人類共通の課題である気候変動問題。この社会課題を、新たな市場を生む成長分野へと大きく転換していきます。

二〇五〇年カーボンニュートラル及び二〇三〇年度の四十六％排出削減の実現に向け、再エネ最大限導入のための規制の見直し、及び、クリーンエネルギー分野への大胆な投資を進めます。

目標実現には、社会のあらゆる分野を電化させることが必要です。その肝となる、送配電網のバージョンアップ、蓄電池の導入拡大などの投資を進めます。

火力発電のゼロエミッション化に向け、アンモニアや水素への燃料転換を進めます。そして、その技術やインフラを活用し、アジアの国々の脱炭素化に貢献していきます。

エネルギー供給のみならず、需要側のイノベーションや設備投資など需給両面を一体的に捉えて、クリーンエネルギー戦略を作ります。

出典：第二百七回国会における岸田内閣総理大臣所信表明演説、首相官邸ホームページ（https://www.kantei.go.jp/jp/101_kishida/statement/2021/1206shoshinhyomei.html）、2021年12月6日

• 需給一体での取組み

です。そして、それをまとめた「クリーンエネルギー戦略」の策定について言及しています。

さらに、2022年1月18日に岸田総理大臣は、「炭素中立型の経済社会に向けた変革を成し遂げるためには、エネルギー供給構造の変革だけでなく、産業構造、国民の暮らし、そして地域の在り方全般にわたる取組が必要」と指示を出しました。これを受けて、クリーンエネルギー戦略全体を取りまとめる経済産業省では、「エネルギーを起点とした産業のGX（グリーントランスフォーメーション）、GX時代の需要サイドのエネルギー構造転換、GX時代に必要となる社会システム、インフラ導入」について、環境省では、「地域社会が主体的に進める脱炭素の取り組みの後押しや、国民１人１人の理解促進、暮らしの変革について具体策」を検討することになりました。

具体的な検討の場として、経済産業省は産業構造審議会産業技術環境分科会グリーントランスフォーメーション推進小委員会・総合資源エネルギー調査会基本政策分科会 2050年カーボンニュートラルを見据えた次世代エネルギー需給構造検討小委員会の合同会合（略称：クリーンエネルギー戦略検討

合同会合）、環境省は中央環境審議会炭素中立型経済社会変革小委員会を設置し、議論を行ってきました。2022 年 5 月 13 日にクリーンエネルギー戦略中間整理として取りまとめられています。

（1）クリーンエネルギー戦略

気候変動問題に本格的に向き合うためには、産業革命以来の化石エネルギー主体の経済・社会構造から、脱炭素型の構造に社会システム全体を変革させることをクリーンエネルギー戦略は目指すこととしています。この変革は短期間に終わるものではなく、世界規模で長期的な取り組みが必要であり、一方で、事業者それぞれ国民 1 人 1 人が仕事のやり方、自分の強み、生活スタイルを炭素中立型に変えることを求めています。さらには教育、科学技術、労働、通信、農林水産、運輸、地域などあらゆる分野への広がりを期待しています。

この戦略は、2021 年にまとめられたグリーン成長戦略（概要は後述）を踏まえた研究開発を実証へと促すグリーンイノベーション基金の資金配分に反

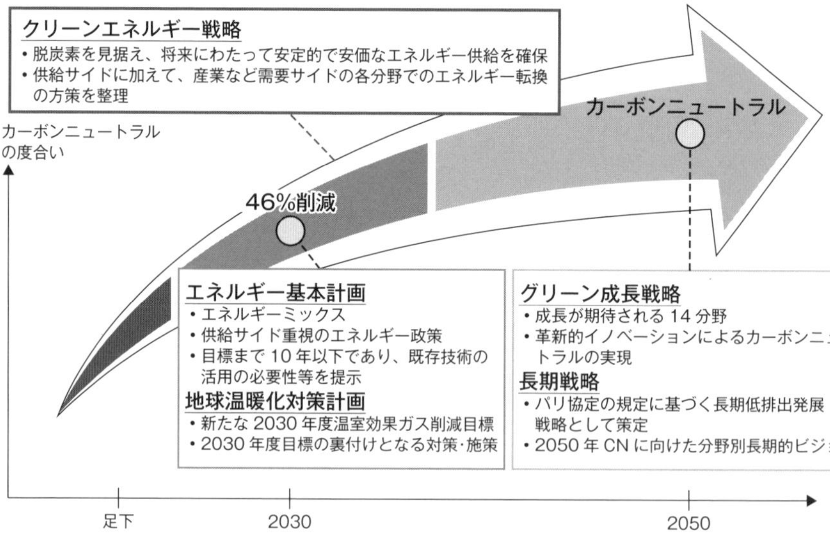

図 6　クリーンエネルギー戦略位置付け

出典：経済産業省産業技術環境局・資源エネルギー庁、クリーンエネルギー戦略中間整理、2022 年 5 月 13 日

映させることや、同じく2021年に改定されたエネルギー基本計画（エネルギーミックスの数字を含む当面の政策の方向性）、地球温暖化対策計画（温室効果ガス全体を網羅した削減計画）といった重要な国家戦略の経済・社会全体での取り組みの加速化を図るとしています（**図６**）。

とりわけ、経済・社会構造の基盤となるエネルギーを化石から炭素中立型に変革していくことは、経済・社会構造そのものの変革につながるため極めて重要な取り組みであり、産業界からは足下の投資の決断に向け、将来の予見性を高めるために、より具体的な方針を求める声が上がっていました。

クリーンエネルギー戦略中間整理は、こうした声に応え、経済社会や産業全体が直面する数世代に１回の変革を日本が成し遂げることができるように経済社会変革の全体像と併せて道筋を示したもので、１章にエネルギー安全保障の確保、２章に炭素中立型社会に向けた経済・社会、産業構造変革の２章立ての構成となっています。

主な内容は、以下の通りです。

- ロシアによるウクライナ侵略を踏まえ、エネルギー安全保障の確保が諸外国でも改めて重要課題に浮上。ヨーロッパは短期的にロシア依存を急速に低減させ、ガスの供給先の多角化、原子力の有効活用などを進める方針。
- 中長期的には、欧米は化石燃料への依存を段階的に低減させ、クリーンエネルギーへの移行を加速。特に、ヨーロッパは、域内の排出量取引（EU-ETS）、炭素国境調整メカニズム（CBAM）導入による国際的な産業競争のゲームチェンジと、大規模な政府支出による産業競争力の強化を目指す。
- 国際的な資源・エネルギー価格の高騰＋円安の進行によるエネルギーコストの負担増を踏まえれば、日本においても、石油ショック時以来の大胆な構造転換を進める必要。
- 安定供給確保を大前提としつつ、ロシア依存の低減を進め、脱炭素を加速させることで2030年度46％削減や2050年カーボンニュートラルの実現につなげる。（先般の電力需給ひっ迫を踏まえれば、電力の脱炭素化を進める上でも、必要なエネルギーインフラ投資が着実に行われることが大前提）

こうした中、EU と日本は、アメリカ、カナダ、イギリスと異なり、ロシア依存の低減を実現するには短期的な脱ロシアのトランジションが必要であり、従来の中長期の脱炭素に向けたトランジションの前段階で、新たなトランジションが加わることで、これまで以上にエネルギーコストの上昇の影響

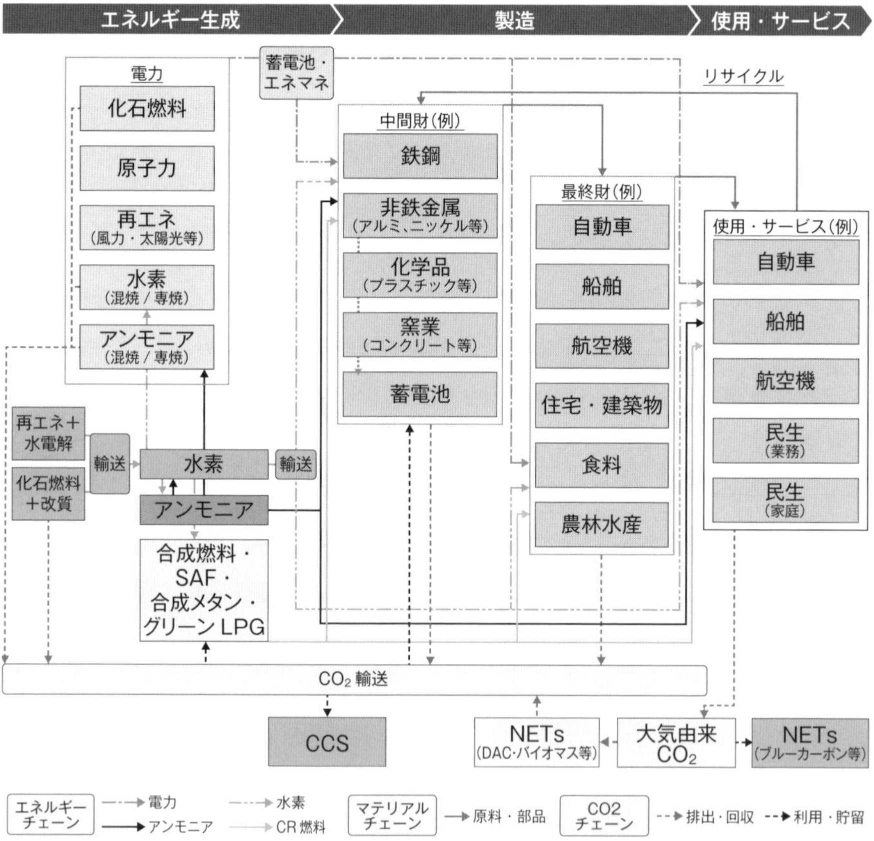

図7　2050 年カーボンニュートラルに向けた産業の GX の推進

出典：経済産業省産業技術環境局・資源エネルギー庁、クリーンエネルギー戦略中間整理、2022 年 5 月 13 日

を受けざるを得ないため、コスト上昇をできる限り抑制させる政策を総動員することとしています。

また、国民１人１人の意識改革、生活スタイルの転換、地域における脱炭素の取り組みを加速させるため、地球温暖化対策計画等に基づき、より具体的な取り組みとして、

- 日本全体のエネルギー消費の２割を占める家庭における脱炭素化を加速させるため、省エネ基準の適合義務を全ての新築住宅に拡大すること
- モビリティのエネルギー消費(日本全体の２割の消費)の９割に加え、部品・材料の製造過程でも大量のエネルギーを消費する自動車の脱炭素化を加速させるため、素材産業を含めた自動車サプライチェーン全体での脱炭素化を促進させること

も謳っています(**図７**)。

(２) 炭素中立型の経済社会変革

環境省は2022年12月20日に、中央環境審議会炭素中立型経済社会変革小委員会の取りまとめを公表しました。当委員会は2022年1月18日の岸田総理大臣の指示を受け、地域・ライフスタイル転換、国際展開、資源循環等の分野の脱炭素化などについて検討を行い、５月に中間整理を取りまとめ、クリーンエネルギー戦略(中間整理)にも反映されています。その後、８月から11月にかけて、脱炭素と成長との関係、地域・くらしの脱炭素、金融・ビジネス、国際展開などについて、さらに深掘りの議論を実施し、「GXを支える地域・くらしの脱炭素～今後10年を見据えた取組の方向性について～」と題して取りまとめられたものです。

当取りまとめについては、実現に向けた施策の着実な実行に取り組むとともに、

- 政府一丸となったグリーントランスフォーメーション(GX)の推進
- 今後の環境省重点施策への反映
- 次期環境基本計画の見直しへのインプット
- G7気候・エネルギー・環境大臣会合やCOP28等における提案・発信

についても活用することとしています。

具体的には、

- 脱炭素を日本の成長エンジンへと転換していく観点から、政府、地方自治体、企業などの各主体が担う役割
- 地域脱炭素、ライフスタイル転換、資源循環等の地域・くらし分野やこれと密接に関連する社会インフラ・サプライチェーン等の脱炭素の着実かつ速やかな実現に向け、必要な投資対象と、そのための支援、規制・制度的措置も含めた投資促進策の在り方
- 脱炭素に必要な人材育成やDX、自然資本の活用や国土・土地利用等をどう進めていくべきか
- 国内外のESG資金を我が国の脱炭素の取組に呼び込むことや日本企業や製品サービスが取引先や消費者に評価されるための仕組み
- 2023年の日本がG7議長国となることも踏まえ、アジアを始めとする世界の脱炭素化施策

が検討されています。

特に地域・くらしの脱炭素化に重点がおかれており、目玉の施策として脱

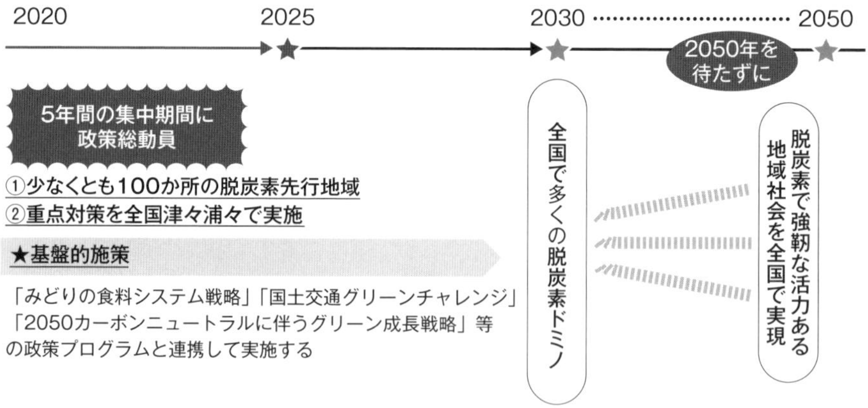

図8　脱炭素先行地域

出典：環境省、GXを支える地域・くらしの脱炭素～今後10年を見据えた取組の方向性について～

年度別選定提案数（共同で選定された市町村は１提案としてカウント、括弧内は応募提案数）

R4	
第１回	第２回
26 (79)	20 (50)

※下線は第２回選定対象団体

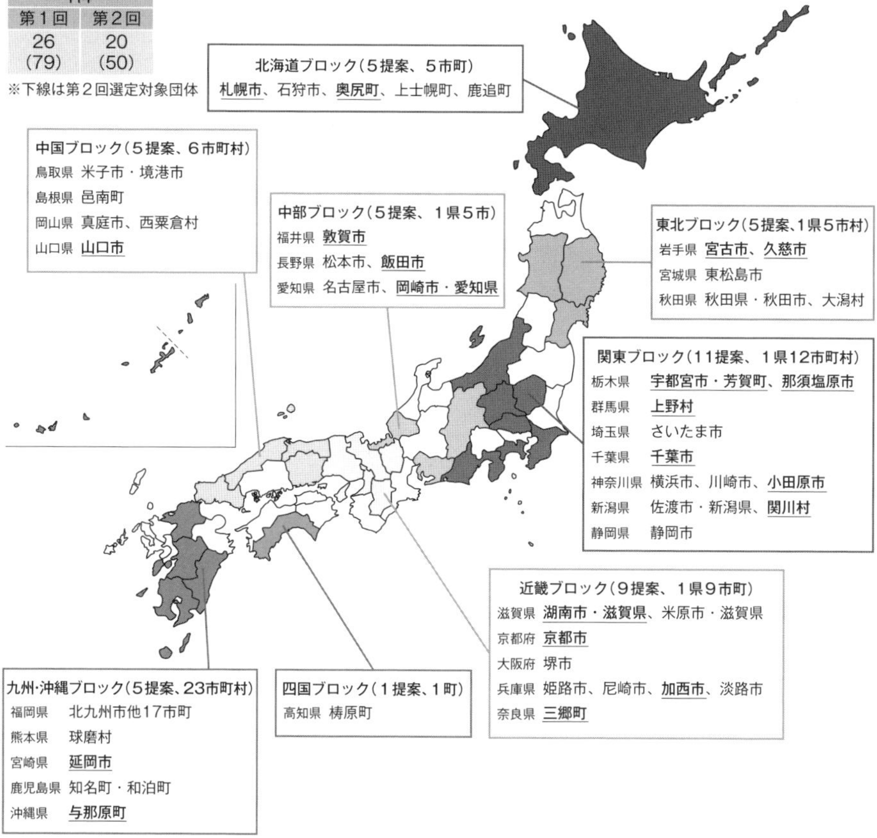

図９　脱炭素先行地域の選定状況（第１回＋第２回）
出典：環境省、脱炭素先行地域（第２回）選定結果について、2022 年 11 月 1 日

炭素ロードマップを策定し、モデルとなる「脱炭素先行地域」を少なくとも 100 か所選定し、全国津々浦々にモデル地域をつくることを目指しています（**図８**）。具体的には、2025 年度までに政策を総動員し、人材・技術・情報・資金を積極支援し、「脱炭素先行地域」の選定や重点対策（自家消費型太陽光、省エネ住宅、電動車など）の取り組みにより、意欲的な自治体の先進的な取り組みを支援し、こうした脱炭素の取り組みが、先行自治体に加え、全国 47 都道府県、1,741 市区町村区域すべてに「脱炭素ドミノ」として展開するこ

としています。2022年末の時点で46地点が採択されています（**図9**）。

地域が主体となり、SDGsはじめ環境・経済・社会の課題の同時解決を続け、地域の活性化と自立を促し、さらに日本から世界にモデルとして発信することを目指しています。

（3）GX実行会議

2022年6月7日に閣議決定した「新しい資本主義のグランドデザイン及び実行計画」「骨太方針2022」において、

- ウクライナ情勢によって、日本は、資源・エネルギーの安定的な確保に向けてこれまで以上に供給源の多様化・調達の高度化等を進めロシアへの資源・エネルギー依存度を低減させる必要がある
- エネルギーの安定的かつ安価な供給の確保を大前提に、脱炭素の取組を加速させ、エネルギー自給率を向上させる
- また、電力需給ひっ迫を踏まえ、同様の事態が今後も起こり得ることを想定し、供給力の確保、電力ネットワークやシステムの整備をはじめ、取り得る方策を早急に講ずるとともに、脱炭素のエネルギー源を安定的に活用するためのサプライチェーン維持・強化に取り組む
- 脱炭素化による経済社会構造の大変革を早期に実現できれば、我が国の国際競争力の強化にも資する
- エネルギー安全保障を確保し、官民連携の下、脱炭素に向けた経済・社会、産業構造変革への道筋の大枠を示したクリーンエネルギー戦略中間整理に基づき、本年内に、今後10年のロードマップを取りまとめる
- 新たな政策イニシアティブの具体化に向けて、本年夏に総理官邸に新たに「GX実行会議」を設置し、更に議論を深め、速やかに結論を得る

ことなどが織り込まれ、2022年7月22日に総理大臣を議長としたGX実行会議が発足しました。GX実行会議で検討される新たな政策イニシアティブには、下記の通り5つのポイントがあります（**表4**）。

（1）GX経済移行債（仮称）の創設

今後10年間に150兆円超の投資を実現するため、成長促進と排出抑制・

表4　今後10年を見据えたGX実行に向けたロードマップ

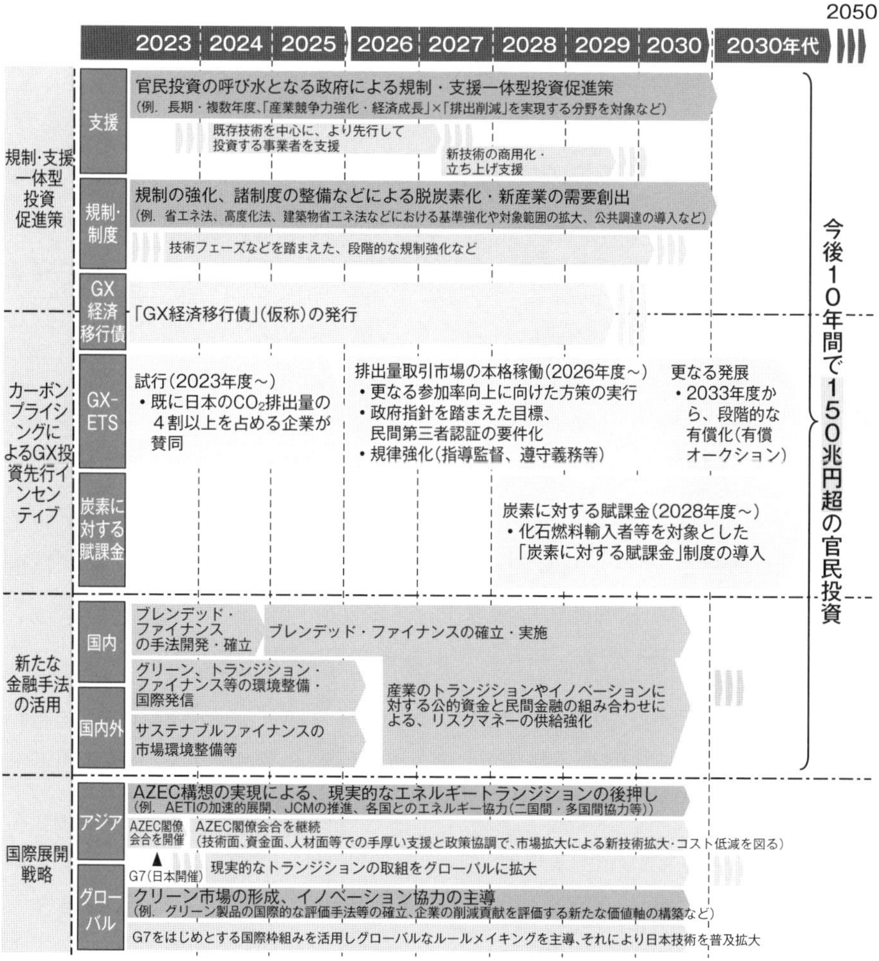

出典：環境省、GX 実現に向けた基本方針～今後 10 年を見据えたロードマップ～

吸収を共に最大化する効果をもった、「成長志向型カーボンプライシング構想」を具体化し、最大限活用する。同構想においては、150 兆円超の官民の投資を先導するために十分な規模の政府資金を、将来の財源の裏付けをもった「GX 経済移行債(仮称)」により先行して調達し、新たな規制・制度と併せ、複数年度にわたり予見可能な形で、脱炭素実現に向けた民間長期投資を支援していくことと一体で検討する。

（2）規制・支援一体型投資促進策

国による大規模かつ中期・戦略的な財政出動に当たっては、規制・制度的措置を組み合わせて効果を最大化する。

（3）GX リーグの段階的発展・活用

GX リーグについては、約 440 社（我が国の CO_2 排出量の 4 割以上）の賛同を得て、本年度中に試行を開始し、来年度から自主的な排出量取引の推進やカーボンクレジット市場の整備を含め本格的に取り組みを実施する等、将来的に大きく発展させる。

（4）新たな金融手法の活用

国による大規模かつ中期・戦略的な財政出動等を呼び水として、世界の ESG 資金を呼び込む。グリーン・ファイナンスの拡大に加え、トランジション・ファイナンスや、イノベーション・ファイナンス等の新たな金融手法を組み合わせる。企業の情報開示の充実に加え、ESG 評価機関の信頼性向上やデータ流通のための基盤整備等を行う。

（5）アジア・ゼロエミッション共同体構想など国際展開戦略

アジア・ゼロエミッション共同体構想の実現等により、アジア諸国の脱炭素化を進めるための協力体制を強化するとともに、アメリカ等の先進国ともクリーンエネルギー分野のイノベーション協力を進める。

GX 実行会議は 2022 年 12 月までに 5 回開催され、取りまとめである「GX 実現に向けた基本方針～今後 10 年を見据えたロードマップ～」が 2023 年 2 月 10 日閣議決定されました。前述の 5 つのポイントを受けて、大きく 2 つの取り組を進めることとしました。

1 点目は、GX に向けた脱炭素の取り組みを進めることで、エネルギー安定供給の確保と省エネルギー対策の一層の強化に加えて、再生可能エネルギーや原子力などのエネルギーの自給率を高める非化石由来の電源への転換を図ることとしています。

2 点目は、「GX 経済移行債」などを活用した 10 年間で 150 兆円の規模の大型投資を館員で進めていくために、成長指向型のカーボンプライシング構想を実現することとしています。

世界的には脱炭素という流れがあり、日本もそれに追随するような形で、脱炭素を実現しながら新しいエネルギーの仕組みをつくっていくということが求められる時代になっています。

技術への期待

（1）2050年カーボンニュートラルに伴うグリーン成長戦略

環境対策の多くは企業や団体にとってコストとして捉えられており、企業の競争力に対して制約がかかってしまうものと考えられてきました。しかし、カーボンニュートラルを新たな「成長」の機会として位置づけることを国が主導して旗を振ること、これが2050年カーボンニュートラル宣言です。積極的な政策を打ち出すことで、産業構造や社会経済の変革をもたらすとともに、温暖化対策を次の成長につなげていくことを目指しています。

2018年6月11日に閣議決定された「パリ協定に基づく成長戦略としての長期戦略」に基づき、経済産業省は社会実装可能なコストの実現と連続なイノベーションを創出するために「革新的環境イノベーション戦略」を2020年1月に策定しました。さらにその戦略を着実に実行し、最大限の成果を生み出すことを目的として、有識者や専門家による意見交換・情報共有を行うグリーンイノベーション戦略推進会議が発足し、新たな産業政策として、2021年6月に「2050年カーボンニュートラルに伴うグリーン成長戦略」が策定されたのです（**図10**）。

グリーン成長戦略では、脱炭素化へと向かう時代環境をビジネスチャンスと捉えて、大胆な投資を行い、イノベーションを起こそうとする企業の挑戦を支援する様々な政策が挙げられています。今後の成長が期待される14の産業分野として、「エネルギー関連産業」の4分野、「輸送・製造関連産業」の7分野、「家庭・オフィス関連産業」の3分野が選定されています。

グリーン成長戦略では、2050年カーボンニュートラルの結果としての「国民生活のメリット」も意識しています。例えば、「2050年カーボンニュート

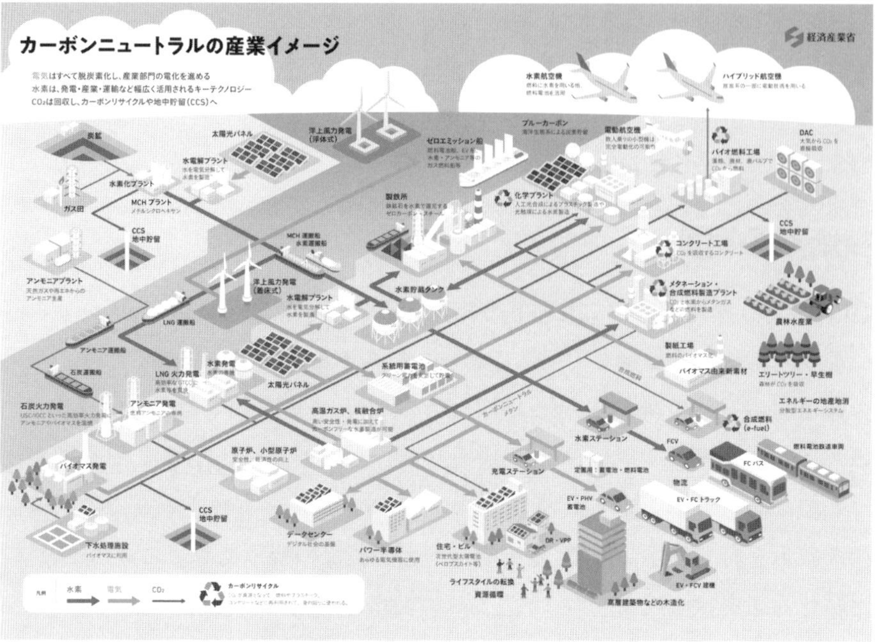

図10　グリーン成長戦略（カーボンニュートラルの産業イメージ）

出典：経済産業省プレスリリース、2050年カーボンニュートラルに伴うグリーン成長戦略を策定しました、2020年12月25日

ラルに伴うグリーン成長戦略（概要資料）」では、成長が期待される14の技術とその技術による国民生活のメリットとして**表5**の例を挙げています。

グリーン成長戦略の主な政策は、革新的技術の研究開発から社会実装までを支援するグリーンイノベーション基金（2兆円・最長10年間）の創設、カーボンニュートラルに向けた投資促進税制、ファイナンス資金活用のための金融市場の整備、規制改革・国際標準化などがあります。中でもグリーンイノベーション基金は2020年12月4日の菅総理大臣（当時）の記者会見において、「過去に例のない2兆円の基金を創設し、野心的なイノベーションに挑戦する企業を今後10年間、継続して支援する」と述べるなど、日本のカーボンニュートラルの技術開発で最も重要な事業として位置づけられています。

（2）グリーンイノベーション基金事業

2020年12月に菅総理大臣（当時）が公表したグリーンイノベーション基金

表５　技術分野と国民生活のメリット

分野	国民生活のメリットの例
洋上風力・太陽光・地熱産業	•商業施設や家庭の壁面にも設置可能な水準を目指し、電気料金を節約する。
水素・燃料アンモニア産業	•サプライチェーンが安定した、将来の水素火力発電、燃料アンモニア発電は価格安定効果あり。コスト低減が実現した仮定の下で、急な価格高騰の影響を抑止する効果を、仮に家庭電力料金に換算すると、約 8,600 円/年相当の支出抑制効果を発揮する。
次世代熱エネルギー産業	•既存インフラの活用により、年間約 14,000 円の追加負担を回避する。
原子力産業	•放射性医薬品材料への活用の可能性。
自動車・蓄電池産業	•事故・移動弱者・交通渋滞ゼロに向けた、移動の安全性・利便性の向上。 •移動時間を現在よりも有効に活用する。 •EV の蓄電池を活用して、レジリエンスを向上させる。
半導体・情報通信産業	•グリーンなデータセンターの国内立地により、自動走行や遠隔手術など新たなデジタルサービスを実現。 •次世代パワー半導体の実用化等を通じて、家電の電気料金負担を軽減する。
船舶産業	•ゼロエミッションの達成に必須となる LNG、水素、アンモニア等のガス燃料船開発に係る技術力を獲得し、生産基盤を確立するとともに、国際基準の整備を主導し我が国造船・海運業の国際競争力の強化および海上輸送のカーボンニュートラルに向けて取り組む。
物流・人流・土木インフラ産業	•自動車を運転できない高齢者等にとって、利便性の高い公共交通サービスを実現する。 •グリーンインフラによって、雨水貯留・浸透等の防災・減災や、健康でゆとりのある生活空間の形成、都市緑化によるヒートアイランド対策などを実現する。
食料・農林水産業	•木材利用の拡大による睡眠効率向上や、日本食の消費拡大による健康寿命延伸に貢献する。
航空機産業	•低騒音の電動航空機の実現により、空港周辺住民や乗客にとっての許容性を向上させる。
カーボンリサイクル・マテリアル産業	•消費者の環境配慮や長寿命といったニーズに合わせたコンクリート製品・建築物を提供可能にする。 •より高機能な自動車や電子機器等を同価格で利用可能にする。
住宅・建築物産業・次世代電力マネジメント産業	•住宅やビルのゼロエネルギー化を実現し、家庭やビルオーナーが負担する光熱費の大幅な低減を目指す。 •住宅の断熱性能向上等を通じて、ヒートショック防止により、健康リスクの低減を図る。
資源循環関連産業	•廃棄物処理施設の強靱性を活かした安定的な電力・熱供給と避難所等の防災拠点としての活用。
ライフスタイル関連産業	•一人一人に合ったエコで快適なライフスタイルを実現。

出典：経済産業省、2050 年カーボンニュートラルに伴うグリーン成長戦略（概要資料）をもとに著者作成

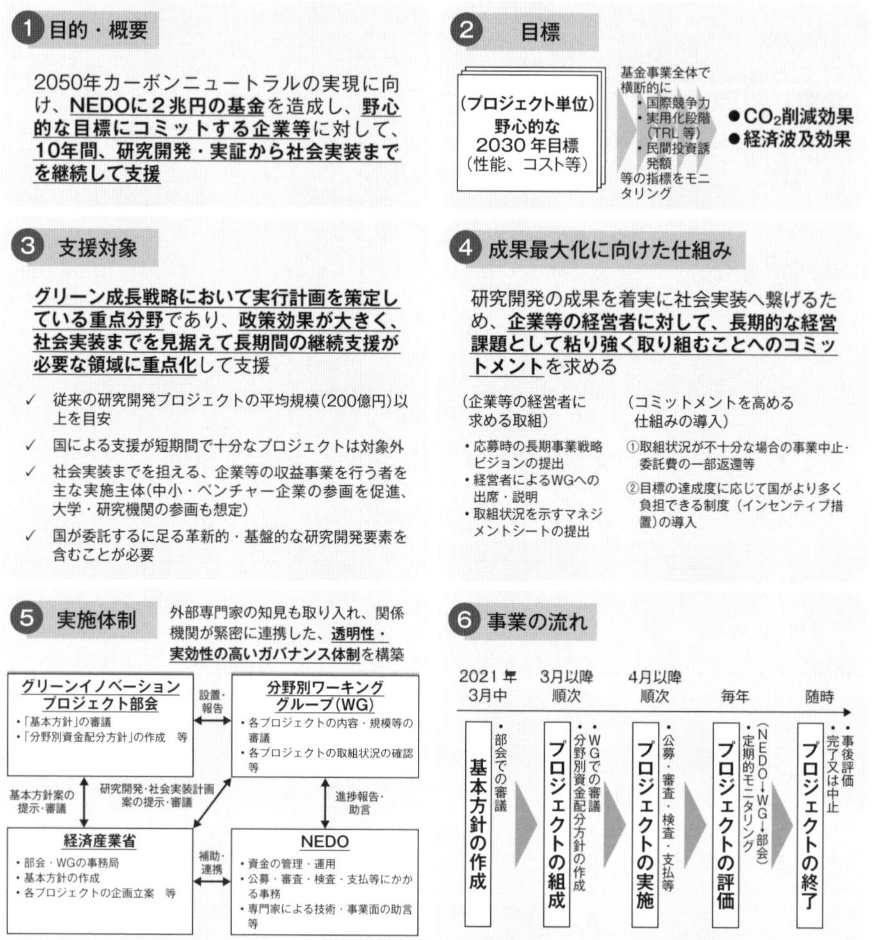

図 11　グリーンイノベーション基金事業の基本方針（概要）

出典：経済産業省プレスリリース、グリーンイノベーション基金事業の基本方針を策定しました、2021 年 3 月 12 日

は、（国研）新エネルギー・産業技術総合開発機構（NEDO）に創設されました。経済産業省は、基金事業における支援対象、成果を最大化するための仕組みおよび実施体制等、各研究開発分野に共通して適用する事業実施に関わる方針を「基本方針」として定めています（**図 11**）。その基本方針では、日本の企業などがカーボンニュートラル関連市場の国際競争で優位なポジションを確

保するとともに、産業競争力の強化につなげていくことが重要であると謳っています。10年間という長期にわたる開発には、困難な課題に挑戦した結果としての計画の未達成や途中での計画変更が当然発生することも想定されることから、企業などの挑戦意欲を阻害しないように、これまでの技術開発補助事業よりも制度の柔軟性が確保されています。さらに、技術の確立のみならず制度整備なども行い、技術の社会実装まで産学官の幅広い主体と連携して基金事業を進めていくこととしています。

実現に向けたハードルは高く、これを乗り越えていくためには、国は可能な限り具体的な見通しを示し、高い目標を掲げて、民間企業が挑戦しやすい環境をつくるためにグリーン成長戦略で示した今後成長が期待される14分野で目指すべき目標を設定すると同時に、予算、税、規制・国際標準化、民間の資金誘導などを総動員して企業等の取り組みを全力で後押ししていくことを謳っています。

こうした取り組みにより、2030年で年額約140兆円、2050年で年額約290兆円の経済効果を見込んでいます。

[参考文献]

- JOE MANCHIN、MANCHIN SUPPORTS INFLATION REDUCTION ACT OF 2022、JULY 27、2022
  https://www.manchin.senate.gov/newsroom/press-releases/manchin-supports-inflation-reduction-act-of-2022
- 経済産業省資源エネルギー庁、電力・ガスの原燃料を取り巻く動向について、2022年5月17日
  https://www.meti.go.jp/shingikai/enecho/denryoku_gas/denryoku_gas/pdf/049_03_02.pdf

1 のまとめ

ビジネス

自らの時間感覚を意識してみる

日本のエネルギー政策の基本方針としてS＋3Eという考え方があります。長い間使われてきた言葉なので、ご存知の方も多いでしょう。安全性（Safety）を前提とし、自給率（Energy Security）、経済効率性（Economic Efficiency）、環境適合（Environment）の３つのEを同時達成するという考え方です。

ここ数年の出来事で、改めて3Eの同時達成の困難さを痛感しています。できるだけ安価なエネルギー供給システムを構築するために、2016年以降、電力・ガス全面自由化を推進しているところに欧米を中心とした脱炭素の流れで環境適合の波がきました。なんとか環境適合の波に対応しようと努力している矢先にロシアのウクライナ侵攻が始まり、自給率の重要性が日に日に増しています。

人や組織によって「日本は3Eのどれを重視していくべきか」議論が分かれるところでしょう。筆者（江田）は3Eについて考える際に「時間感覚」が大切だと考えます。3Eが同時達成された姿という１つの完成形があるわけではないからです。完成形があり、それを達成すれば、「もう安心」というものではないからです。刻々と動いている世界情勢を片目で見ながら、バランスをとり、できる限り同時達成するように日々調整していくものだからです。

この時間感覚は、１人１人（１組織１組織）異なります。これから半年、１年という短い時間で捉える人（組織）もいれば、３年から５年先という人（組織）、10年先、20年先という長い時間で捉える人（組織）もいます。「3Eのどこにどれくらい重きをおくべきか」の意見が異なる１つの理由は、時間感覚の違いにあります。

自分が3Eについて、どの時間感覚を中心に考えているか意識してみる。そのうえで可能であれば、短期・中期・長期の複数の時間感覚で見直してみる。新たに取り組むことが３つの時間軸でどうなるのか、時間を行き来しながら考えてみる。そうすることで非常に難しい3Eの同時達成をなんとか続ければ、S＋3Eの実現につながるでしょう。

技術

環境対策への投資が技術開発を生む

ヨーロッパ連合（EU）やアメリカでは、コロナウイルス発生後に生じたインフレ経済やロシアによるウクライナ侵略を契機として、これまでのカーボンニュートラルに向けた取り組みをさらに加速させています。国を挙げてエネルギー部門、産業部門、運輸部門、民生部門（家庭部門および業務その他部門）などにおいてカーボンニュートラルに資する投資を促し、早期のカーボンニュートラル社会への移行に向けた動きが盛んになってきました。EUでは、10年間に官民協調で約140兆円程度の投資実現を目標とした支援策を定めています。すでに一部のEU加盟国では、数兆円規模の対策も講じ始めています。また、アメリカでは、インフラ投資法に加え、2022年8月には10年間で約50兆円規模の対策（インフレ削減法）を定めるなど、欧米は国家を挙げたカーボンニュートラル投資への支援策や、新たな市場やルール形成に動き始めています。グリーントランスフォーメーション（GX）に向けたカーボンニュートラル投資が、企業・国家の将来を左右する時代に突入しました。

日本も安定的で安価なエネルギー供給が国民生活、社会・経済活動の根幹であることから政府としても最優先課題として認識しています。エネルギーの安定供給の確保が大前提ですが、GXを推進することそのものがエネルギー安定供給の確保につながります。そのため、化石燃料への過度な依存からの脱却を目指し、需要サイドにおいては徹底した省エネルギー、製造業の電化や燃料転換などを進め、供給サイドも電化の推進に応じて発電には再生可能エネルギー、原子力、アンモニアなど非化石燃料による火力発電所などエネルギー安全保障に寄与し、脱炭素効果の高い電源に転換していく必要があります。日本政府も今後、10年間に150兆円の投資を促すためのGX経済移行債など新たな政策イニシアティブをGX実行会議で検討するなど欧米に準じる施策が期待されています。また、技術開発も両輪で進めることとし、グリーン成長戦略では14の重点技術を明示するなどファイナンスとテクノロジーの融合を目指しています。とりわけ需給一体での取り組みが効果的であることから需要側は電化や水素化、その需要に応じて供給側では非化石電源へ移行するために、新しい技術の前倒し導入とその投資を促す新たな金融手法に期待がかかっています。

2

日本の製造業
（工場・中小企業）の現状

製造業とエネルギー消費

高度経済成長期の日本は1970年前後の経済成長率が約９％台であったのに対し、エネルギー消費量は、石炭から石油へのエネルギー転換を伴いつつ経済成長率を上回る割合（約11％）で増大しました。エネルギー利用構造として特徴的なことは、製造業を中心とした産業部門の割合が相対的に高く、長期的には減少傾向を示しているものの、現在でも全体の過半を占めています(**図１**)。

二度にわたる石油危機は、石油価格の大幅な上昇をもたらし、日本のみならず各国ともエネルギー消費効率の向上をもたらしています。特に日本はエネルギー消費原単位の改善率は先進国の中でも最大で、エネルギー消費原単位の値自体も先進国の中で最も小さくなっています。

日本のエネルギー消費原単位の改善率が高い第一の理由は、製造業を中心に省エネルギーが大きく進んだことです。製造業が日本のGDP当たりのエ

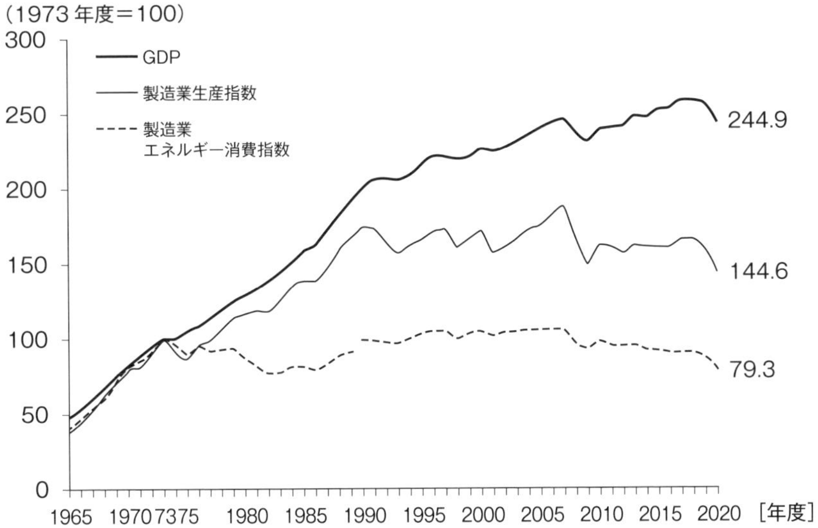

図１　製造業のエネルギー消費と経済活動
出典：経済産業省資源エネルギー庁、エネルギー白書2022

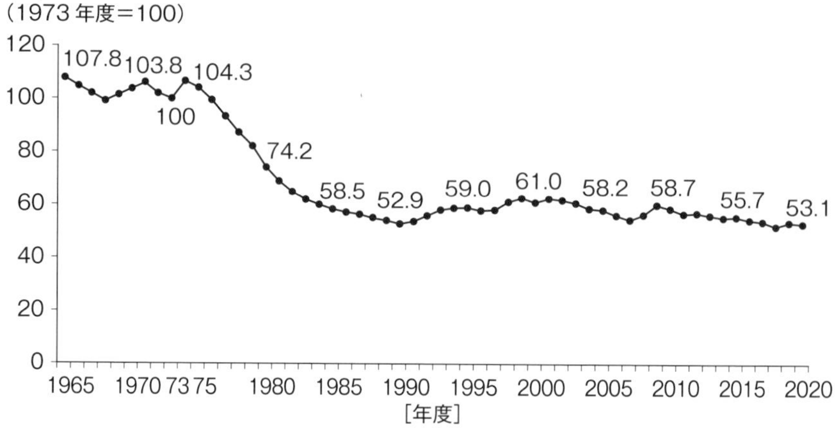

図2　製造業のエネルギー消費原単位の推移
出典：経済産業省資源エネルギー庁、エネルギー白書 2022

ネルギー消費効率の改善に貢献した点としては、このような省エネルギーの進展に加えて、製品の高付加価値化、すなわち、同じエネルギーを使った製品であっても、より大きな付加価値を生み出すことができるようになったことが挙げられます（**図2**）。

1980年代以降、若干の上昇傾向は見られましたが、2011年度以降は、再び製造業全体のエネルギー消費効率の改善が見られます。しかしながら、製造業のエネルギー消費は現在でも最終エネルギー消費全体の4割ほどを占めていることや、スコープ3（自社以外の他社の温室効果ガス排出量のこと（詳細は後述））などサプライチェーンでのカーボンニュートラルの流れもあり、さらにエネルギー効率を高めていくことが期待されています。ここでは国内外の産業分野におけるカーボンニュートラルについて説明します。

（1）海外

エネルギーは電力に注目が集まりやすいですが、最終エネルギー消費に占める電力の割合は、先進国は各国とも20%台後半に留まっています（**図3**）。すなわち、熱・燃料が概ね70%以上を占めています。

IEAによると、2020年の全世界の最終エネルギー使用量の38%を産業部

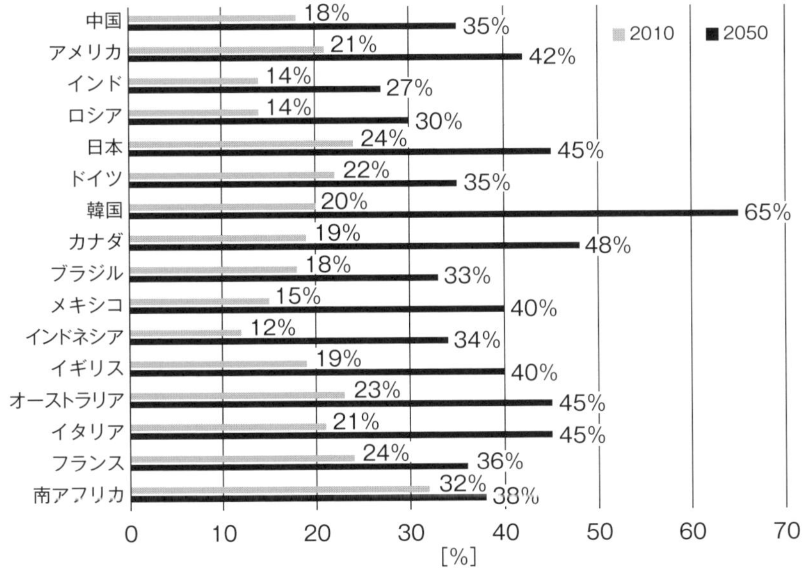

図3　世界各国の電化率

出典：Deep Decarbonization Pathways Project の各国ファクトシート・報告をもとに著者作成

門が占めています。過去10年間のエネルギー消費の伸びは、主に、エネルギー集約型の産業サブセクター（化学、鉄鋼、セメント、パルプ、紙、アルミニウム）での生産量の増加という傾向が続いています。人口増加と社会経済的発展が要因の1つとなっています。2010～2020年の産業エネルギー消費の伸び率が最も高かったのはインドとASEAN諸国（年間成長率2.5%以上）であり、中国は純増加全体の半分以上を占める伸びとなりました。一方、欧米では産業用エネルギーの使用量はわずかに減少しています。

（2）日本

一方、日本の産業部門における2020年度のCO_2排出量は、2億5,400万t-CO_2です（**表1**）。これは日本全体の24.3%を占めています（電気・熱配分前排出量）。製造業がCO_2排出量に占める割合は多く、脱炭素に向けた取り組みが強く求められている業種の1つといえます（エネルギー転換部門が40.4%、運輸が17.0%）。

表１　産業部門のエネルギー起源の二酸化炭素排出量

（単位：百万トン）

	1990年度排出量［シェア］	2013年度排出量［シェア］	2019年度排出量［シェア］	2020年度		
				排出量［シェア］	変化量＜変化率＞	
					2013年度比	2019年度比
産業部門（製造業等）	378［32.5%］	330［25.1%］	280［25.3%］	254［24.3%］	−76.1＜−23.1%＞	−26.5＜−9.4%＞

出典：環境省、2020年度（令和２年度）の温室効果ガス排出量（確報値）について

2013年度と比較すると23.3%の減少、2019年度比で8.1%減少しています。特に、鉄鋼業、化学工業からの排出量が大きく減少しています。これは、省エネや高効率設備の導入、再エネの導入が進められてきたことが要因と見られています。また、新型コロナウイルス感染症の感染拡大の影響で生産量が減少したことによりエネルギー消費量が減少したことも要因にあります。

産業部門からの排出は、９割以上を製造業からの排出が占めています（**図**

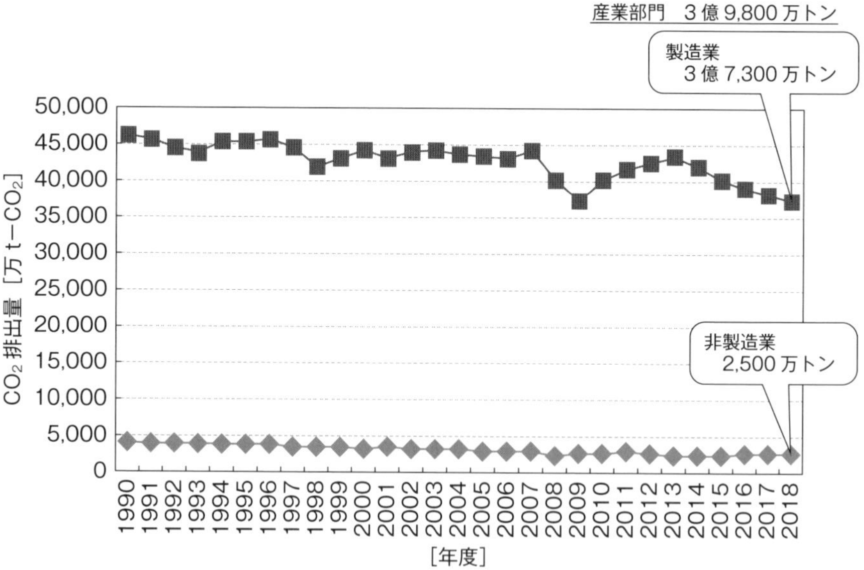

図４　産業部門における製造業と非製造業の温室効果ガス排出内訳

出典：環境省、日本の温室効果ガス排出量データをもとに著者作成

4)。非製造業とは、農林水産業、鉱業、建設業のことを指します。

内訳を見ると、鉄鋼業、化学工業、機械製造業、窯業・土石製品製造業、パルプ・紙・紙加工品製造業、食品飲料製造業からの排出量が大きく、産業部門全体の9割程度を占めています(**図5**)。中でも鉄鋼業は産業部門全体の4割を占めています。次いで、化学工業、機械製造業が続いており、この3業種で全体の排出量の65%を占めています。

先に述べた通り、日本の産業部門は石油危機以降、生産設備の省エネルギー化が進んでいます。エネルギーの使用の合理化等に関する法律(省エネルギー法)では、一定規模以上の工場などの事業者を対象に毎年1%の生産原単位の改善と中長期計画の提出を求めています。

生産原単位とは、生産物の単位当たりのエネルギー消費量であり、例えば

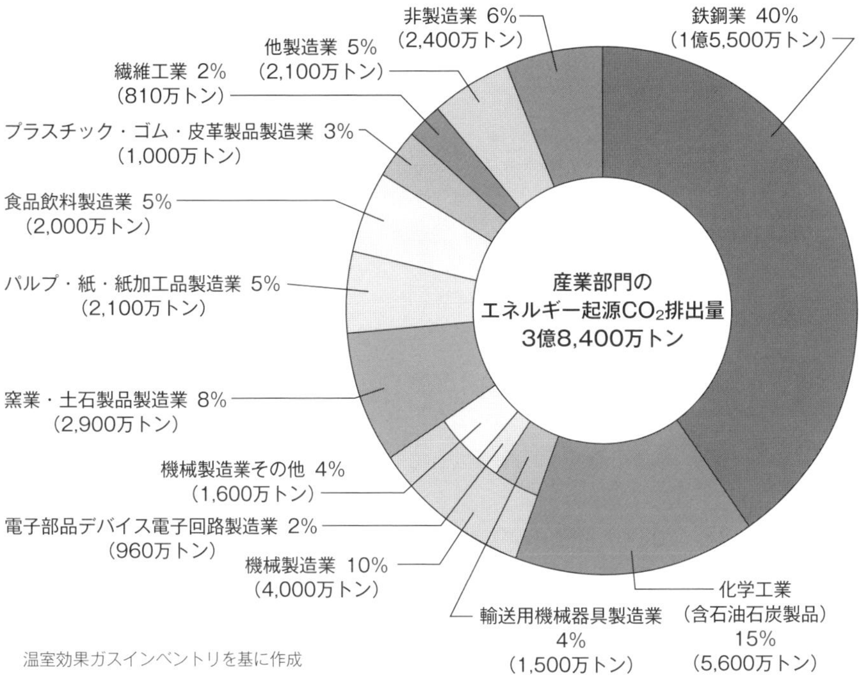

図5　産業部門からのエネルギー起源 CO_2 排出量の業種別内訳
出典:環境省、2019年度(令和元年度)の温室効果ガス排出量(確報値)について

1つ製品をつくる際に消費するエネルギーのことです。

エネルギー消費量を減らすために生産量を抑制しては経済成長が見込めません。生産原単位を指標とすることは、ある程度合理的だと思われます。

設備構成で無駄を減らす改善も進んでいます。これらの取り組みの結果、産業部門の省エネルギー対策は世界最高水準となり、今や乾いた雑巾を絞ると例えられるように、ほぼ対策がし尽くされた感があります。

これからは化石燃料を消費しないこと、すなわち、再エネなど非化石エネルギーをエネルギー源とし、工場内では電化などCO_2の直接排出をなくす

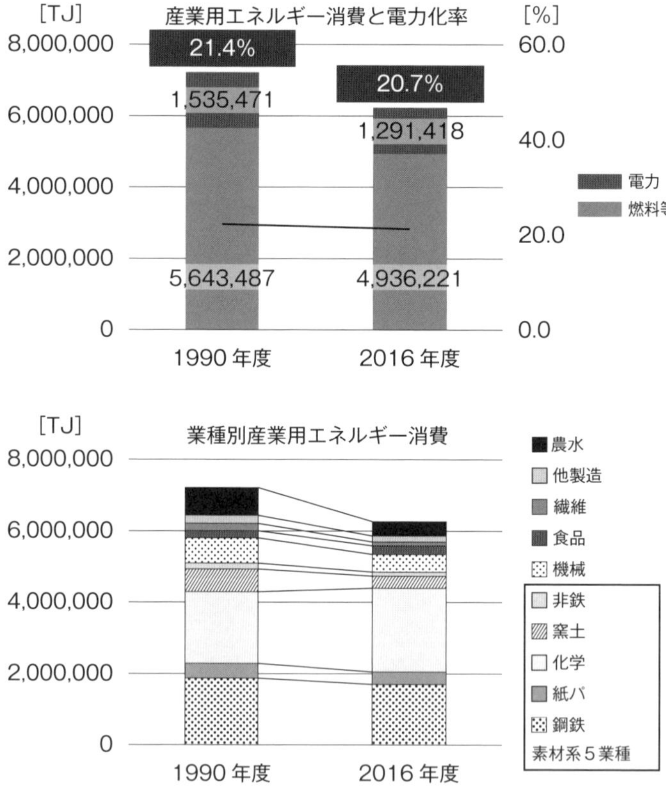

図６　産業部門の電化率推移と産業内訳

出典：(一財)日本エネルギー経済研究所計量分析ユニット編：EDMC/エネルギー・経済統計要覧〈2020 年版〉、(一財)省エネルギーセンターをもとに著者作成

といった抜本的な改革が必要だと思われます(**図6**)。

もう1つの理由は、産業構造の変化があります。国内生産から海外生産へのシフトによる、そもそもの需要の減少です。かつては日本全国に大小問わず工場が存在していました。その工場を取り巻くように町がつくられてきました。しかし、大量生産の時代になり、マスプロダクトには町工場のような中小工場では生産効率が劣り、工場の集約と大型化が進みました。

しかしながら、生産性向上をさらに追求すると、国内の敷地では物理的な面積で制約があり、より広大な敷地と低廉な労働単価の中国・東南アジアなどへ日本企業の工場は進出していきました。特に労働力を必要とする繊維産業や機械産業の移転は著しく、最終エネルギー消費の産業内訳からもその傾向を読み取ることができます。

再び国内に工場を建設する場合、CO_2を排出しない工場の建設がカーボンニュートラル時代の産業競争力強化の観点からも重要になると思われます。

製造業が基幹産業である日本

日本は戦後「ものづくり大国」と呼ばれ、GDP世界3位まで上りつめてきました。国内総生産(名目GDP)における産業別構成比の変化と推移では、製造業は1998年の22.9%から徐々に減少しており、2018年では20.7%となっています(**図7**)。しかし、事業所数が半減していることや、人手不足感が強まる中にもかかわらず、依然として日本のGDPの2割程度を占めています(**図8**)。そのため製造業ではいまだ多くの雇用を担っています。

このように、日本の基幹産業である製造業ですが、他の産業に比べて、CO_2の排出削減を大胆に進めるのが難しいといわれています。それは、製造業が「エネルギー集約型産業」といわれているためです。製鉄、セメント、化学、製紙など、製造工程に多くのエネルギーを必要とする(CO_2排出する)ため、電気の購入先を変更することでは対応できないCO_2排出があるのです。

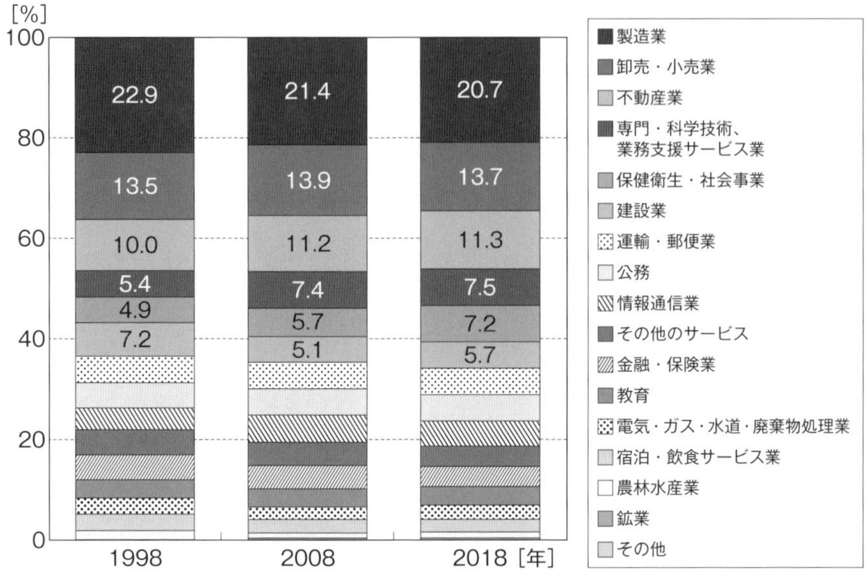

図7　名目 GDP における産業別構成比の推移

出典：経済産業省、製造基盤白書(2020 年版ものづくり白書)

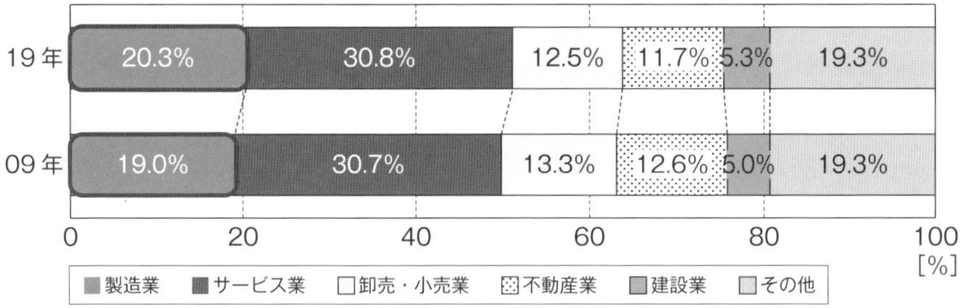

資料：内閣府「国民経済計算（GDP 統計）」より経済産業省作成

図8　国内総生産(名目)における産業別構成比(2019 年)

出典：第 9 回産業構造審議会製造産業分科会資料 2、製造業を巡る動向と今後の課題、経済産業省製造産業局、2021 年 9 月

例えば、アルミニウムなどは、その精錬に膨大な電力を必要とするため「電力の缶詰」と呼ばれています。アルミニウムの精錬拠点などは、海外移転している拠点も多いですが、まだ電力集約的な財の生産が国内でも行われてい

ます。

素材産業では化石燃料を原材料として利用していることに加え、化学反応に伴う反応熱や燃焼熱を利用することも多いのです。すなわち、エネルギー自体が素材の原材料なのです。素材産業では、この化石資源の熱化学反応などを利用したコークスによる製鉄や、化石資源を燃料として利用する蒸留型の石油精製のシステムから、化石資源を合理的に活用する技術と熱エネルギーマネジメントをいかに図るかがカギといえるでしょう。

加えて製造業は「装置産業」でもあります。装置産業とは、原料から完成品に至る生産工程において、その大部分が装置によって処理されるような産業のことです。例えば、石油化学、鉄鋼、セメント、製紙などがその典型です。これらの産業はその装置の中で化学的処理をされるものが多く、規模によるメリットが大きいです。工場やプラントは 20 ～ 30 年と使い続けることを前提に建設されています。CO_2 排出量の削減には、生産工程からの見直しも必要ですが、その設備投資も大規模であるため、減価償却できていない設備がある中、脱炭素化のための新規の設備投資がしづらいという現状があります。

そのような中で新設を行わなくても、

- 熱エネルギーのマネジメント
- 生産工程の合理化・デジタル化
- 化石資源を原材料として利用する産業では、化石資源の有効活用・リサイクル

の取り組みが欠かせないと考えられます。

サプライチェーンの視点から

次に、製造業にとって欠かせないサプライチェーンの視点から考えていきます。

2010 年代後半の日本の GDP は 500 ～ 550 兆円/年です。加工産業で成長してきた日本は、輸出入額が約 80 兆円/年であり、約 20 兆円/年の貿易黒字

を生んできました。

一方で、日本は資源が乏しい国であり、原材料や燃料をほぼ輸入に頼っています。2010年代は燃料価格は比較的高値で推移していて、輸入額は約15兆円(原油7.5兆円/年、天然ガス4兆円/年、石炭2.5兆円/年、他1兆円/年)程度でした。これは輸入額の約20%に相当します。

原料は製品となって社会で活用されるものですが、燃料は燃やしてしまうとなくなってしまうので、常に海外に資金を支出し、国富が流出していくことにもなります。

ここに来て、その燃料価格が大幅に高騰しています。貿易統計によると2010年代の15兆円/年に対して2022年は30兆円/年を超えていました。前述した2010年代の経常収支の黒字額を上回る金額なので、貿易黒字を維持することが困難な水準といえます。さらに、他の輸入品も輸送や生産時にエネルギーを消費していることから、価格高騰は免れません。

しかし、エネルギーは社会の基盤であり、それをつくり出すためには燃料が不可欠です。日本のエネルギーの自給率はわずか約9%でしかないため、輸入が滞ると経済が破たんするおそれがあります。このようなエネルギーの脆弱性を解消させること、すなわちエネルギーセキュリティを考えた場合、自給率の向上が必須といえるでしょう。

その自給率の向上に再エネ発電は寄与します。CO_2フリー電源への投資を国内において行うものであり、環境投資として内需の拡大にもつながります。

仮に消費者側で消費されている化石燃料を原油の輸入量の約8割、石炭は半分と想定した場合、約7兆円の費用を要していることになります。これに国内の流通にかかる費用を上乗せすれば、国内の化石燃料は10兆円規模で流通していることになります。

この費用を、再エネ発電を利用する設備投資に回すことで、内需の拡大と経常収支の改善の同時達成が可能です。もちろん経済性を考えると、今までの化石燃料から、これからは新たに開発されることが見込まれる海外での再エネ発電から生産する合成燃料や水素・アンモニアなどとのポートフォリオを組むことも必要だと思われます。

加えて、従来の需要家側の設備インフラから昨今のデジタル化された設備にリニューアルすることで製品の国際競争力の向上にもつなげることが可能となります。蒸気などのインフラには馴染みませんが、電化であればデジタル化や個別分散型の設備インフラは対応可能です。すなわち、生産設備の高度化と電化は親和性が高いといえるでしょう。この生産設備の高度化の投資規模を仮に燃料の流通額の10兆円とほぼ同じ規模と想定した場合、需要側でのエネルギー関連投資は20兆円規模と見積もることができます(**図9**)。

この設備投資を工場などのサプライチェーンのために充てることが重要だと思われます。

サプライチェーンとは、ある製品の原材料や部品の調達から、製造、在庫管理、配送、販売、消費までの一連の流れのことです。商品の調達・製造か

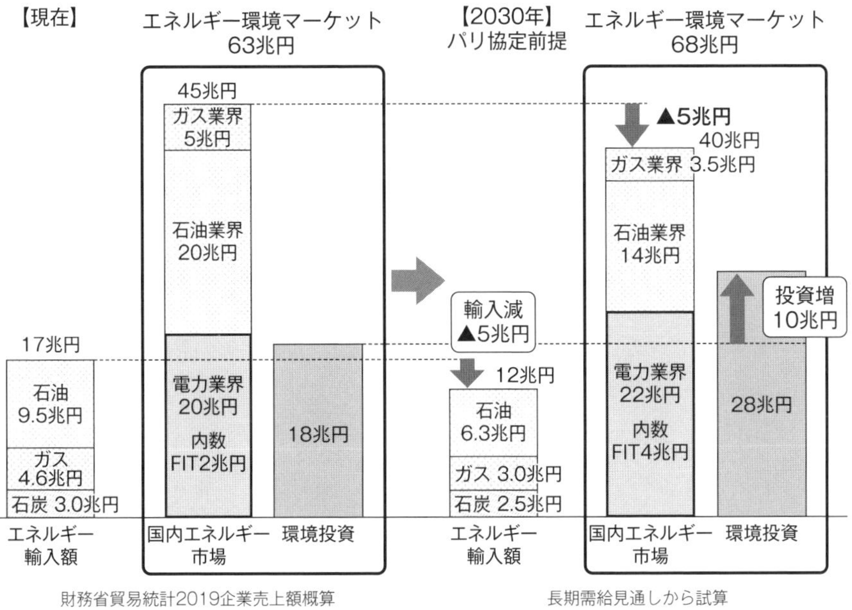

図9　将来のエネルギー環境市場規模イメージ

ら流通を経て消費者に届くまでのすべての工程を連動した1つのシステムとして捉える必要があるため、製造業はCO_2の把握をする領域が広いといえます。

この一連の流れから発生する温室効果ガス(GHG)排出量を「サプライチェーン排出量」と呼びます。つまり、製造業の企業は、CO_2排出を自社だけでなく、協力関係にある他企業も含めてサプライチェーン全体で考える必要があります。同時に、その中のどの部分で、どのような排出がされているのかを切り分けて考えていく必要があります。その時に重要な考え方がスコープ1、2、3です。

サプライチェーン排出量はスコープ1、スコープ2、スコープ3という3つの基準から構成されています。温室効果ガス(GHG)排出量の算定・報告するための国際的な基であるGHGプロトコルでは、スコープ1、2、3の範囲や、その区分けなどが示されています。それによると、以下のような定義がされています。

スコープ1は、事業者自らによる温室効果ガスの直接排出のことをいいます。例えば、化石燃料の使用に伴うCO_2排出のことなどです。

スコープ2は、事業者に他社から供給された電気、熱・蒸気の使用に伴う間接排出のことをいいます。

スコープ3は、スコープ1、2以外のその他の間接排出のことをいいます。事業者の活動に関連する他社の排出のことで、例えば、調達先における排出量、販売した製品(例:家電製品、自動車)からの排出量のことを指します。スコープ3は、さらに15のカテゴリと、日本では独自の基準に基づき任意の「その他」に分かれています。調達先の排出量を上流(カテゴリ1~8)とし、販売先の排出量を下流(カテゴリ9~15)と区分しています。対象となる範囲が最も広いため、排出量の測定には大きな労力がかかります。

これらの基準をもとに、CO_2排出の見える化を進めます。どの部分から把握すべきか、把握した後はどのように対応するのか、自社で検討していく必要があります。

中小企業の製造業について

世界的な脱炭素化の潮流は止まりません。気候変動対策の経営戦略などを開示する「TCFD」、排出削減の目標を設定・実行する「SBT」、事業活動に必要な電力を100%再エネでまかなうことを目指す「RE100」といった国際的な枠組みが広がっています。このうち、TCFDとSBTでは、「サプライチェーン排出量の削減」に関する情報開示と目標設定を強く求めています。

特にヨーロッパでは、LCA（ライフサイクルアセスメント）に基づく規制強化の動きが活発になっています。LCAは、原料採取から製造、使用、廃棄までの総合的な環境負荷を評価する手法のことです。2022年3月、EUは環境規制の緩い国からの輸入品に事実上の関税をかける国境炭素調整措置（CBAM）の導入で基本合意しました。本格導入は2026年からの計画で、CBAMの対象になるのはセメント、アルミニウム、鉄鋼などがあります。すでに韓国やカナダが類似制度をもつほか、アメリカではカリフォルニアなど一部の州が導入しています。

こうした背景から、多くの大企業(グローバル企業)が、サプライヤーである中小製造業を巻き込んで排出削減に取り組む動きを加速させています。すでにサプライヤーに対して排出量の開示や排出削減のプラン検討を求める企業も現れています。

ここで、日本の中小企業の製造業の現状について確認をしておきましょう。製造業における企業数は減少傾向にあり、1998年調査では66万3,000企業となりました。特に、中小企業の減少が目立ちます。一方、製造業における企業数を規模別に見ると、中小企業が99.5%を占めるなど極めて大きいウエイトを占めています。

製造業における中小企業の企業数を業種別に見ると、金属製品製造業の8万企業（中小企業に占める割合12.2%）が最も多く、次いで一般機械器具製造業の7万企業(同10.6%)、衣服・その他の繊維製品製造業の6万6,000企業(同10.0%)、出版・印刷・同関連産業の5万6,000企業(同8.4%)、食料品製造業の５万2,000企業（同7.9%）となり、これら上位５業種で中小企業の半分を占めています。

上記からも日本には多くの製造業の中小企業が存在をしており、脱炭素を促進するうえで重要なセクターであることがいえます。今後、厳しいコスト競争と同時に、納入先（大手製造業）からの要請で脱炭素を進めていかなくてはいけなくなるでしょう。この流れについていけないと、取引先をなくしてしまう危険性もあります。

設備投資を行うことの難しさを先述しましたが、一定の生産設備の更新は不可欠です。工場を新設する場合は工場インフラから生産設備まで最新の設備を導入すればいいですが、工場の多くは既存の工場を改修し、生産計画に合わせて新しい生産設備の導入や既存設備の改造を行うことが一般的です。既存の工場には電気設備やガス設備、蒸気・水配管などユーティリティが存在しており、生産設備もそのユーティリティありきで設計します。当然のことながら、経済合理性の観点から一部の生産設備のために既存のユーティリティをすべて改修する理由はないからです。

また、生産管理部門は製品を製造することが目的なので、電気・ガス・水・蒸気などの調達は総務や資材などユーティリティ部門に任せることが多くなっています。生産に必要なエネルギーなどの調達をユーティリティ部門に依頼し、自らは生産設備の維持管理に専念した方が合理的だからです。その結果、ユーティリティ部門も生産管理部門も各々の管理範囲での改修に限られてしまうケースが散見されています。

製品を製造するうえでは特に問題ありませんが、将来に向けてどのようなエネルギーに転換を図るかという点では適合しにくいところがあります。例えば、蒸気インフラがあると生産設備のリプレースも蒸気依存設備になり、生産設備に蒸気が必要になるのでユーティリティも蒸気を供給するという循環の構図を断ち切れないということです。

特に蒸気インフラは大型ボイラー＋蒸気配管で構成され、工場の中心または片隅に設けられたボイラー室から各建屋に網の目のように張り巡らされているのが一般的です。蒸気は使い終われば廃棄物もなく単に「水」に戻るだけであり、工場にとっては非常に扱いやすい物質・エネルギーです。

高温であることから熱として利用すること、高圧であることからアクチュエーターとして利用すること、さらには洗浄工程や加湿など利用先は多岐にわたります。また、アキュムレーターに蒸気を蓄えることで蓄エネルギーにも向いています。

燃料を焚いて水を蒸発するだけの構造であることから、高度な技術がまだなかった高度経済成長時代に多くの工場で導入されました。

50年を経た現在、建屋などは建て替えられているものの、構内の蒸気インフラは既存の配管などがまだ現役で活用されています。配管は改修されているかもしれませんが、蒸気インフラという根幹に大きな変化はないといえるでしょう。

一度導入してしまうと改修後も同じ設備になってしまうことを「ロックイン効果」と呼んでいます。例えば、既存のユーティリティに蒸気配管があれば生産設備のリプレースも蒸気を活用するものになり、大きな変更は加えにくいものです。ユーティリティの更新時期には、今度は蒸気を用いる生産設備が制約になって、蒸気配管を更新せざるを得ない。このように一度導入された設備の燃料転換は難しい。これがロックイン効果です。

このロックイン効果が今後の温暖化対策を進めるうえで障壁となることが懸念されます。一般的に設備は15年でリプレース時期を迎えるとされています。菅総理大臣(元)が脱炭素を宣言した目標年次である2050年まで30年弱の期間があり、工場や建築物で利用されている多くの設備は少なくとも1回は更新の時期を迎えます。したがって、その機会に化石燃料を使用する設備を置き換えることができれば、需要サイドの非化石化は可能です。

しかし、ロックイン効果により、設備更新時に抜本的な改修を図る事業者は通常はそれほど多くないと想定しています。蒸気インフラのような工場のコアをなすインフラの場合、トラブルが発生するとその影響は甚大であり、そのようなトラブルのリスクを回避しようとすれば、ロックイン効果はさらに強固になってしまうからです。

その対策として、個別・分散型の生産設備を徐々に導入する方法が考えられます。

検討が進む業種別の脱化石燃料技術

（1）製鉄の脱炭素化技術

かつて、クレイトン・クリステンセン氏は、『イノベーションのジレンマ』の中で破壊的イノベーションの事例として「ハードディスク」、「掘削機」、「製鉄」の3つの技術を取り上げました。製鉄は日本の主力産業でもあり、一方で年間約1.9億tのCO_2を排出していることから、今後も日本の経済成長と環境対策においてカギを握る産業であるといえるでしょう。

『イノベーションのジレンマ』では、製鉄のイノベーションはミニミルによってもたらされたとしています。ミニミルとは、一般的に電気炉式の製鉄技術やDRIと呼ばれる天然ガスによる直接還元炉を指します。これに対して、現在主流の製鉄技術は高炉式で、インテグレーテッドミルと呼ばれています。

電気炉は、鉄スクラップを大型の釜状の炉に投入し、電気（アーク）によって熔解させ、酸化・還元製錬を行い、再び「鋼」をつくり出すリサイクル技術です。1工程に要する時間は1時間程度であり、約100tの粗鋼が生産できます。この工程を繰り返します。これに対し、高炉は1基・1日当たり約1万tの粗鋼を生産します。高炉に比べ電気炉は小規模であることから、ミニミルと呼ばれるのです。このほか、高炉が連続生産方式（停止困難）であるのに対し、電気炉はバッチ生産方式（停止可能）であることや、粗鋼1t当たりのCO_2排出量が高炉に比べて4分の1程度と少ないといった特徴があります。

日本の粗鋼生産量は、コロナ禍以前は年間約1億tでした。このうち約4,000万tは輸出しています。多くは汎用鋼ですが、他国に比べハイテン（高張力鋼材）など高品質な圧延鋼も多く扱われています。現在の電気炉では高品質鋼は製造されていません。このため、日本の粗鋼生産量の約80%が高炉によって生産されているのです。

一方、アメリカの粗鋼生産量に占める電気炉の比率は60～70％です。日本と比べてスクラップ鉄の発生量が多いことから電気炉比率が高いです。

また、環境規制やレガシーコスト（負の遺産）などの経営リスクが高炉に比べ低く、需給のバランスが崩れた時の柔軟性の高さも一因と思われます。

技術開発も進展しています。電気炉でも添加物の調整などの技術開発が進み、高品質鋼の生産も可能になってきました（**写真1**）。また、鉄鉱石から粗鋼をつくる高炉代替技術（電解・電気製錬方式）も実証段階にあり、電解方式も電気炉同様、分散方式すなわちミニミルです。これに再エネ由来の電気を用いれば、粗鋼生産のCO_2フリー化も視野に入ります。変動する再エネ発電の調整力としても生産調整可能な電気炉は相性が良く、いわば、ミニミルのイノベーション、ミニミル2.0ともいえるでしょう。

生産量100t級の電気炉を稼働させるためには、概ね10万kWの電力が

写真1　電気炉
出典：東京製鐵（株）宇都宮工場

必要です。鉄鋼業界の脱炭素化に向けた動静と生産技術の向上は、今後、日本の非化石エネルギー源の導入計画・見通しに大きなインパクトを与える可能性があります。

電気炉はスクラップ鉄から製造する製鉄技術であるため、すでに鉄鉱石から粗鋼が生産されたストックが前提となります。日本鉄鋼連盟の長期温暖化対策ビジョンによると、人が生活するうえで必要とされる鉄の量は1人当たり10tとしています。現在のストックでは世界平均で1人当たり4t程度です。開発途上国を中心に生活水準を先進諸国並みに引き上げるためには、1人当たりまだ6tの鉄が必要という勘定になります。すなわち、鉄鉱石からの粗鋼生産は当面必要といえるでしょう。

鉄鋼業からのCO_2排出量は年間1.9億tですが、このうち、高炉プロセス全体からのCO_2の排出量は約1.2億tあり、それは鉄鋼業から排出されるCO_2の約70%を占めます。高炉プロセスの中では、高炉から約9,000万t、鉄鉱石の焼結工程から約2,000万t、石炭からのコークス製造工程から約500万tのCO_2が排出されています。高炉プロセス以外のプロセスからのCO_2排出量は、転炉プロセスから約500万t、圧延・鋼管プロセスから約2,000万tとなっています。

鉄鋼業におけるCO_2排出の削減方策としては、水素エネルギー利用とプロセスの電化が技術的な方法として提案されています。最大のCO_2排出源となっている高炉からのCO_2排出削減については、高炉での高温加熱への水素エネルギー燃料の導入、石炭コークスに代わる鉄鉱石の還元の手段として水素による還元が検討されているなど、脱炭素化の手段としては水素エネルギーの活用が考えられています。

水素エネルギーの利用については、高炉の熱源としてコークス炉のオフガスの水素利用(それに加えて、その際に生成するCO_2をCCSで除去)を2030年頃に、石炭を利用しないCO_2フリー水素による水素還元製鉄への転換を2050年頃に行うというロードマップが日本鉄鋼連盟により描かれています。また電力については、今後CO_2フリー電力が経済的に入手可能となれば、他のプロセスの熱エネルギー源として導入していくことも考えられています。

海外では、スウェーデンでDRI（シャフト炉）による水素還元製鉄の実証が始まっています。

鉄鋼会社のSvenskt Stål AB（SSAB）、鉄鉱石生産大手のLuossavaara Kiirunavaara Aktiebolag（LKAB）、および電力会社のVattenfallが、水素還元製鉄「HYBRIT（Hydrogen Breakthrough Ironmaking Technology）」プロジェクトに取り組んでいます（**図10**）。まずは天然ガスを利用し、その後、CO_2フリー水素による実証を行う予定としており、2035年の実用化を目指

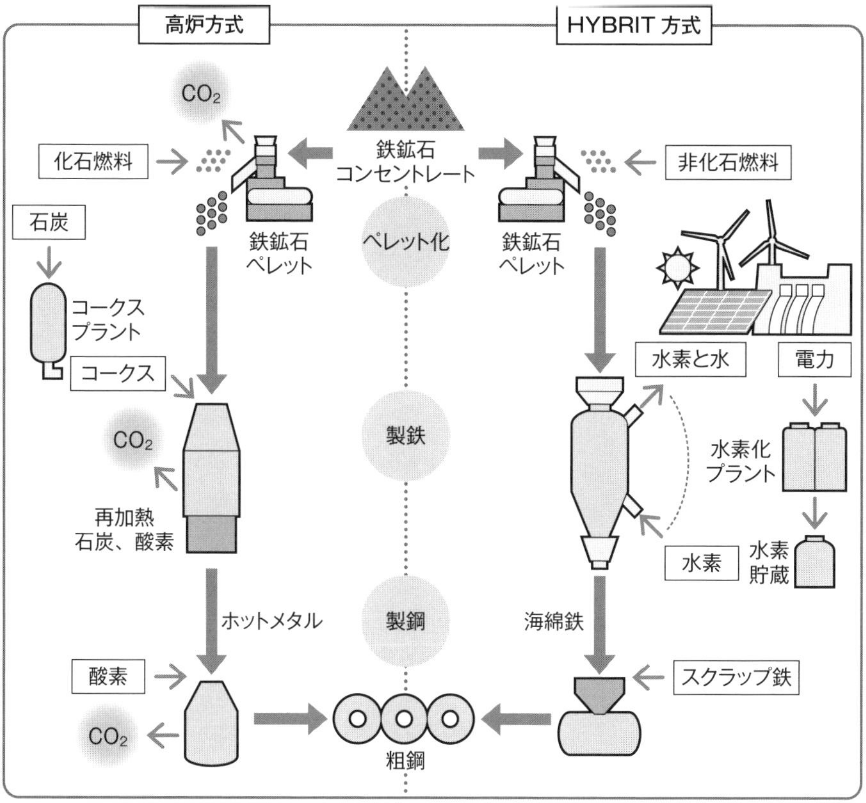

図10　水素還元製鉄

すとしています。

日本鉄鋼連盟は、こうした製法転換に関わる経済的分析も行っており、水素エネルギーの活用に必要となる水素の目標価格は7.7¢/Nm^3-H_2と試算しています。また、日本の鉄鋼生産量の世界シェアが今後も変わらないと仮定すると、必要水素量は700万t/年に上ることが、この分析から推計されます。電力エネルギーについては、粗鋼生産1t当たり3,400kWhの電力が必要となり、そうした電力を利用したプロセスが従来のプロセスと競争可能となる電力コストは4円/kWhと試算しています。

政府の「水素基本戦略」によると、水素の目標価格は2050年で20円/Nm^3-H_2、目標導入量は発電部門への水素の導入を中心に約1,000万t-H_2とされていることを考慮すると、水素エネルギー導入の条件として鉄鋼業

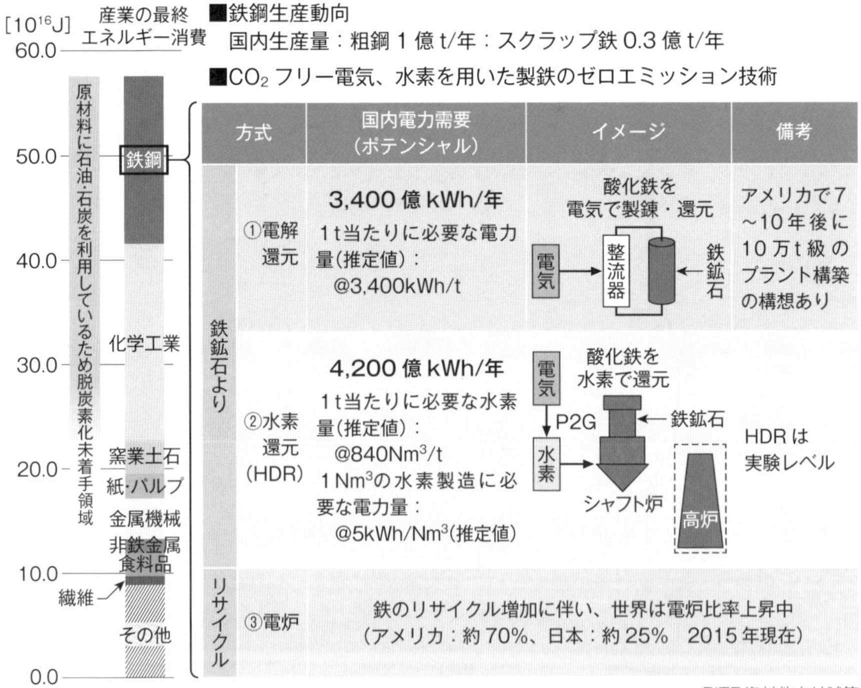

RITE資料他より試算

図11　CO_2フリー製鉄による新たに必要な電力需要量

界が掲げるこの水素の目標量、価格の達成は容易なことではありません(**図11**)。

(2) 石油化学産業の脱炭素化技術

日本の場合、石油化学の代表的なプロセスであるナフサ分解、蒸留からのCO_2排出量が化学産業全体からの排出量の60%を占めています。ナフサ分解炉では800～900℃の高温熱源が必要ですが、このナフサ分解炉の燃料として水素利用や、分解炉の電化が検討されています。実際、約150年の歴史をもつ世界最大の総合化学メーカーであるドイツのBASFはナフサ分解プロセスの脱炭素化を目的として、再エネ電力を利用した電気炉による熱分解法の開発を試みています(**図12**)。

さらに今世紀後半に脱炭素化を実現するためには、燃料だけではなく原材料でもカーボンリサイクルを進めるなどにより、化石資源への依存度を引き下げる必要がありそうです。

一般に化学プロセスでは、化学物質の合成、分離、分解などに熱エネルギーを利用します。これに必要となるエネルギー量の削減を目指して、触媒や合成法、膜分離などの新たな分離技術の開発はこれまでも行われてきましたが、化学技術分野には、こういった技術に関わる研究開発によって、プロセ

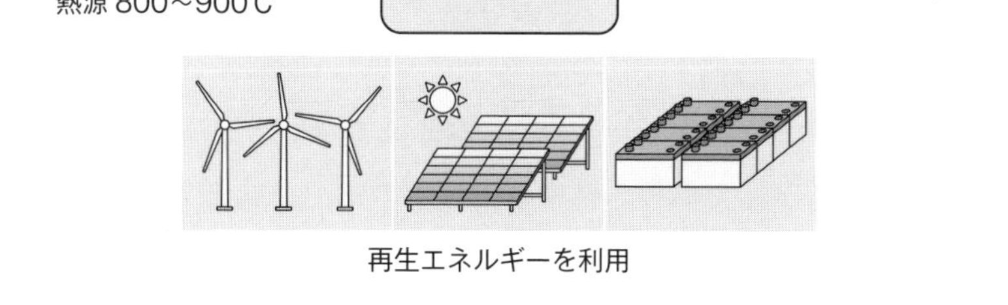

図12　電気炉によるオレフィン製造技術

スの革新を実現する可能性が今後もあります。これに関しては、欧州化学工業連盟(CEFIC)がドイツのシンクタンクのDECHEMAに委託して、2050年までにヨーロッパの化学産業からのCO_2排出を85%削減するために必要となるプロセス革新の可能性について調査検討したレポート「Low carbon energy and feedstock for the European chemical industry DECHEMA July 2017」が参考になります。こういった脱炭素化に資する革新的な合成、分離、分解技術とプロセスの開発を加速していく必要があります。

新技術の開発とともに重要なのは、未利用熱の有効利用です。一部のプロセスを除き、化学産業のプロセスの多くで必要とされるのは200℃以下の熱エネルギーですが、後述するように、現在そうした熱エネルギーの多くが未利用熱として排出されています。このため、化学産業においてヒートポンプ技術の一層の活用を図っていくことが技術的には重要と考えられます。

加えて化学産業では、CO_2の有効利用や廃棄されたプラスチックの再利用によってエチレンやプロピレンなどの基礎化学品を製造し、再び化学製品原料として利用することを目指した革新技術(ケミカルリサイクル技術)の開発も始まっています。水素と炭素を合成する技術は燃料のメタンだけではなく、プラスチックなどの原料となるエチレンやプロピレンも製造できます。この技術開発でも、触媒とプロセス開発がカギとなりますが、このケミカルリサイクルを実現するためには、原理的に大量の水素が必要となります。

日本でのエチレン、プロピレンの生産量は合計で約1,100万t/年(2018年)であり、これをCO_2フリー水素と回収したCO_2による合成方法に置き換えると、原料のCO_2が年間5,100万t、水素が500億Nm^3以上必要になります。Power to Gas (P2G)によるCO_2フリー水素の活用は、化石燃料に依存しない化学合成技術を確立します。加えてCO_2の回収とメタネーションのために必要なエネルギーもCO_2フリーの電気でないと意味がないため、非化石化学合成技術が社会実装されると、日本の電力需給に大きなインパクトを与えることになります。エチレン・プロピレンなどバルクケミカル（大量生産される化学物質）に必要な水素を水の電気分解によって製造するために

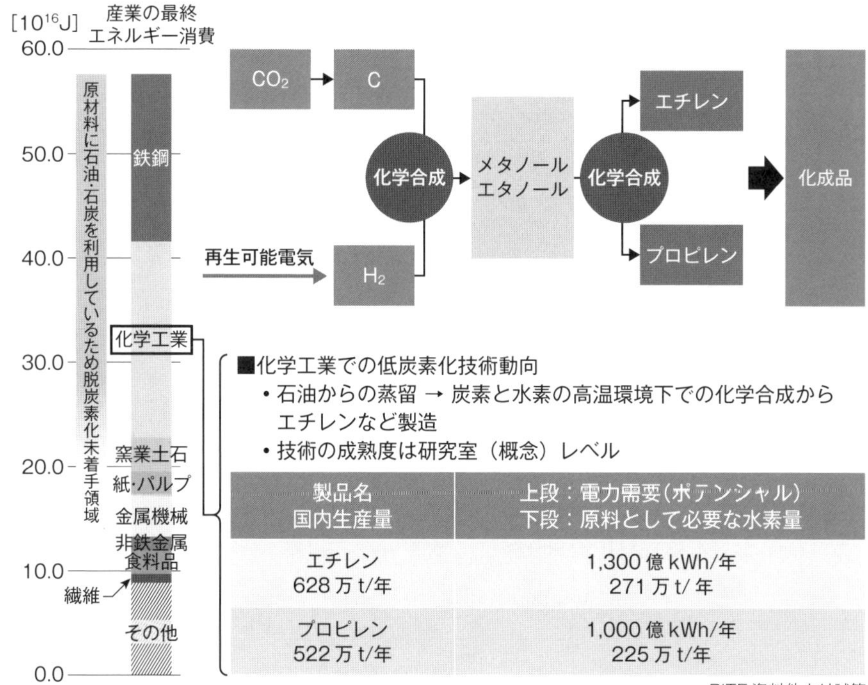

製品名 国内生産量	上段：電力需要(ポテンシャル) 下段：原料として必要な水素量
エチレン 628 万 t/年	1,300 億 kWh/年 271 万 t/ 年
プロピレン 522 万 t/年	1,000 億 kWh/年 225 万 t/年

RITE 資料他より試算

図 13　CO_2 フリー化学による新たに必要な電力需要量

は、2,000 億 kWh/年以上の電力が必要であり、これは年間電力消費量の約５分の１にあたる量です(**図 13**)。

政府は 2019 年６月に「カーボンリサイクル技術ロードマップ」を策定し(**図 14**)、大気に放出される CO_2 の対策を加速しています。最大の課題は、水素の製造時、CO_2 の回収時、有用物質への合成時など各々の工程で消費する CO_2 フリーの安価なエネルギーを確保することです。原子力利用の拡大が難しいのであれば、この成否は CO_2 フリー電源（すなわち、国内再エネ電源＋海外 CO_2 フリー水素エネルギー電源）がカギを握ると考えます。再エネの主力化はもはや電力のみならず、水素を原材料として扱う企業にも影響を与えるでしょう。

（3）セメント製造業の脱炭素化技術

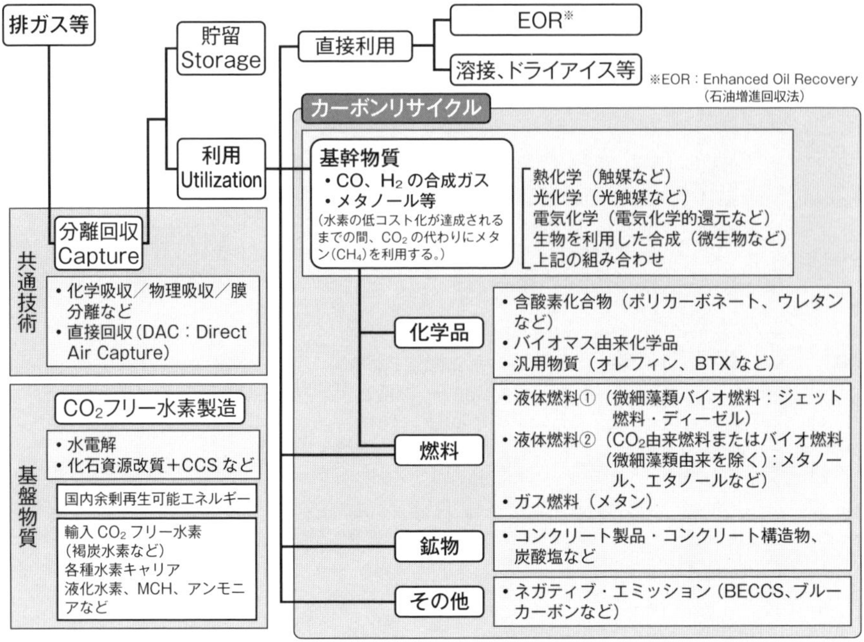

図 14　カーボンリサイクル技術ロードマップ

出典：経済産業省資源エネルギー庁プレスリリース、「カーボンリサイクル技術ロードマップ」を策定しました、2019 年 6 月

セメント製造業の脱炭素化は、結論から先に述べると非常に困難な課題です。それはセメント原料の石灰石から中間製品のクリンカ(生石灰)を生成するプロセスで、石灰石に含まれる炭酸カルシウムから CO_2 が大量に排出されるからです(**図 15**)。

セメント製造業は、そのプロセス全体で年間約 4,400 万 t の CO_2 を排出していますが、そうした CO_2 の排出がその 55％の 2,600 万 t を占めています。残りの 35％（1,400 万 t）の CO_2 が、石炭を燃料として石灰石をキルンで焼成し中間製品のクリンカを製造する石炭由来、10％（400 万 t）の CO_2 が原料石灰石を粉砕するプロセスと、クリンカに石膏を加えて電力で粉砕し、製品のセメントにする電力由来のものです(**図 16**)。

後段の 45％のエネルギーは、CO_2 フリー電力や CO_2 フリー燃料の導入に

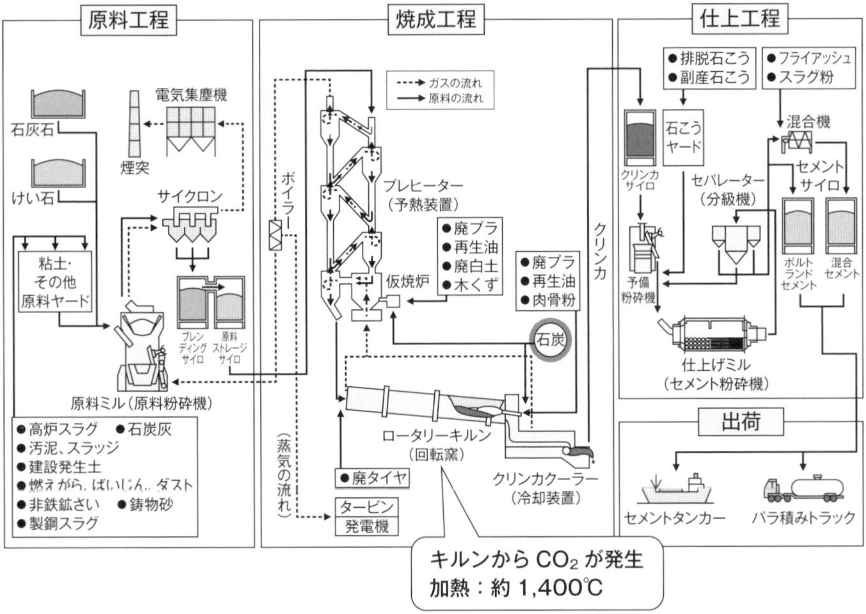

図 15　セメント製造工程

出典：経済産業省総合資源エネルギー調査会省エネルギー・新エネルギー分科会、第7回省エネルギー小委員会、(一社)セメント協会資料をもとに著者加筆

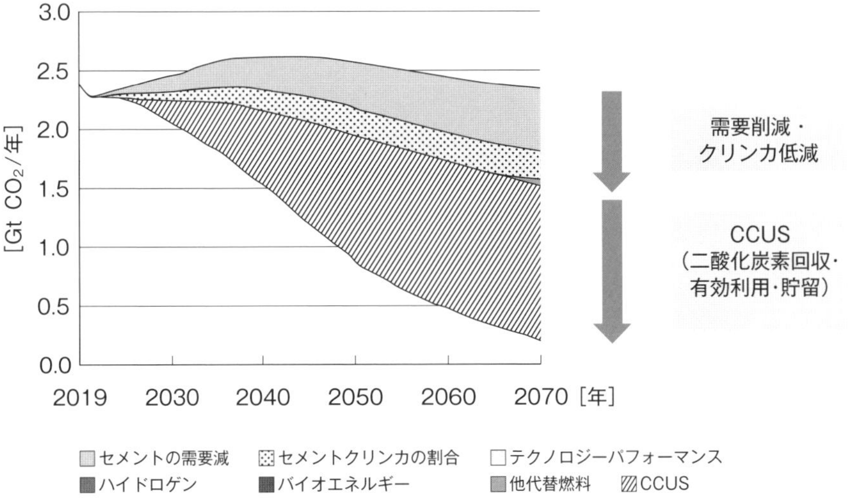

図 16　セメント部門における世界の CO_2 排出量削減シナリオ

よって脱炭素化が方法論としては可能です。また、技術開発では発生した CO_2 をコンクリートの中に固定化する方法も実証が進んでいます。ただし、この場合、アルカリ性に保たれる必要があるコンクリート内部が中性化し、鉄筋コンクリートの配筋が錆びるおそれがあります。

セメント原料の石灰石に由来する CO_2 の除去は、方法論としてはCCSによるしかないといわれています。ただ、国内でこれらの技術を適用することには技術的、コスト的なハードルが大きいのが実情です。

製造業で見られる動き

ここでは、海外事例を2つ、国内事例を1つ紹介します。

（1）海外事例：ドイツの大手化学メーカー、4万5,000点の製品の CO_2 排出量を見える化

BASFでは、生産工程やサプライチェーンの見直しを通じて、1980～2018年にかけて CO_2 排出量を半減することに成功しました。そして現在、2030年と2050年を新たなマイルストーンとして定め、以下のような項目を掲げています。

- 2050年までにGHGプロトコルで定めるスコープ1＋2の排出量をネットゼロへ
- 2030年までに排出量を25％削減
- 2025年までに最大10億ユーロを投資
- 脱炭素の専門組織Net Zero Accelerator（ネットゼロ・アクセラレーター）を設立
- プラスチック廃棄物のリサイクルなど、循環型経済プロジェクトを推進
- スウェーデンのエネルギー企業から世界最大の洋上風力発電所の株式49.5％を取得

ポイントとなるのは、2つです。

1つ目は2050年までの達成目標である「スコープ1＋2の排出量をネットゼロへ」というメッセージです。脱炭素戦略は目標値の妥当性が図りにくく、

中長期的な目標になります。売上高や営業利益など他の経営指標との兼ね合いだけでなく、世間から期待されている脱炭素のレベル感、競合他社の動向などを総合的に勘案する必要があります。そうした観点を織り込んだうえで、スコープ1＋2に絞って目標を設定していると考えられます。

2つ目は、脱炭素の専門組織 Net Zero Accelerator の立ち上げです。アクセラレーターは、組織横断的専門集団と呼ばれています。BASF では会長の直下に専任者を置き、事業部門の取り組みの現実性を加味しつつ、各事業部の実行支援、達成状況を KPI で確認して、改善提案などを行っています。

当アクセラレーターが管轄する取り組みの1つに、循環型経済プロジェクトがあります。製品の原料調達から廃棄後、回収して再利用するまでの一連のプロダクトライフサイクルにおける一連のマテリアルとエネルギーの流れを設計して最適解を見つける取り組みです。

この基礎情報にあたるのが、調達・生産・物流など複数企業が関わるバリューチェーン全体での CO_2 排出量データです。このデータを収集するためには、調達先や物流企業に対して CO_2 排出量を開示してもらうための粘り強い交渉が必要なだけでなく、業界を横断した規約づくりも必要になります。

これらの取り組みの結果として、BASF では約4万5,000点の製品の CO_2 排出量を計算するデジタルアプリケーションを開発し、グローバルに PCF (製品カーボンフットプリント)を提供できるようになりました。環境負荷低減への取り組み具合を可視化し、付加価値を価格に織り込めることは大きな差別化要因になっています。

(2) 海外事例：サプライヤーの教育にも力を入れている Apple

アメリカの Apple では、事業全体、製造サプライチェーン、製品ライフサイクルのすべてを通じて、2030年までに気候への影響をネットゼロにすることを目指しています。2022年4月で、Apple の主要な製造パートナーのうち213社が、25か国で Apple 製品の製造をすべて再生可能電力でまかなう取り組みに参加をしています。これらによって、年間300万台の自動車が道路から消えてなくなることに相当する温室効果ガス削減効果が期待されています。Appleはカーボンニュートラルを実践するうえでの自社の取り組みの詳細を「環境に関する2020年の進捗報告書」などで、他企業に向けてロードマップとともに提供してきました。他にも自社施設でのエネルギー使用を削減する新たな手法を確認し、サプライチェーンでも同じ手法を採用するように働きかけています。サプライヤー各社は再エネへの移行に関する国ごとの情報と合わせて、関連資料やトレーニング教材などの情報を得ることができています。

再エネ分野のエキスパートを招いて、先進的かつ独自のトレーニングを通じてサプライヤーの教育にもあたっているほか、各地域で再エネに関する業界団体の設立・運営も手助けしています。例えば、US-China Green Fundは1億ドルを投資して、中国国内のAppleのサプライヤー企業における省エネルギープロジェクトを推進しています。

加えて、低炭素な製品開発も行っています。アルミニウム担当の自社サプライヤー2社への投資と協力を通じて、初の試みである直接的な、炭素を含まないアルミニウム精錬プロセスの開発を支援しています。この低炭素アルミニウムの初の産出品が、16インチMacBook Proでの使用を目的とした生産に用いられていることを2022年4月発表しました。

さらにこうした取り組みを押し進めていくために、2020年にインパクトアクセラレーターを設立しました。ここを通じて自社のサプライチェーンだけでなく、コロンビア、フィリピン、南アフリカなどの深刻なエネルギー不足に直面しているコミュニティに低価格で安定した電力を供給しています。

（3）国内事例：技術革新、水素還元製鉄への取り組み

製鉄のカーボンニュートラル化については先述していますが、ここでは鉄鋼産業の取り組みを紹介します。

日本の鉄鋼産業は、世界トップレベルの効率性を誇っています。一方で、日本のエネルギー起源CO_2排出量の約13%を占めているという事実もあります。「製造業は装置産業である」と前述しましたが、製鉄所を新たに1基つくるだけでも1,000億円単位の資金と数年の歳月が必要とされています。

特に高炉は、高炉鉄鉱石から銑鉄を取り出すための炉で、製鉄工程の上流にあたる製鉄所の中核設備です。非常に大きなもので、高さ30階建てのビルに相当します。とっくりのような形で、炉内の温度は2,000℃以上になります。高炉では、鉄鉱石とコークスを交互に投入し、炉の下部から熱風を吹き込み、鉄鉱石を溶かしながら酸素を取り除いて「銑鉄」と呼ばれる溶けた鉄をつくります。15～20年は生産を続けることを前提に稼働しており、一度休止して火を止めると再稼働までに長い時間がかかります。製造過程で発生する一酸化炭素は燃焼させて火力発電を行い、製鉄所の電気をまかなっています。しかし、CO_2排出量が多いというデメリットがあります。

そこで鉄鋼業では、さらなる低炭素化に向けて技術開発が進められています。その１つである「水素活用還元プロセス技術」は、英語表記の頭文字をとって「COURSE50（コース50）」と呼ばれます。鉄鋼業におけるCO_2排出量の約８割を製鉄プロセスが占めています。製鉄プロセスでは、まず石炭を蒸し焼きにしてコークスという物質をつくります。コークスは「C」なので、鉄鉱石に含まれる酸素「O」と結びついてCO_2を発生させ、鉄鉱石から酸素を取り除くという役割を果たします。この現象を「還元」と呼びます。この工程により、鉄鉱石が酸化することを防ぎ、強い鉄をつくることができます。

水素活用還元プロセス技術では、コークスをつくる際に排出されるガスの中に含まれているメタンから水素を取り出して、この水素「H」を鉄鉱石の酸素「O」と結びつけて水(H_2O)をつくることで、鉄鉱石から酸素を取り除く還元を行います。

これによって、世界初の水素還元活用とCO_2分離回収によるCO_2排出量30％削減を目指しています。現在日本では、2030年頃までの１号機実機化に向けて実証実験が進められています。

（4）中小企業での脱炭素の進め方

グローバル企業が自社の脱炭素を積極的に推進していく中で、中小企業はどのように対応していけばよいのでしょうか。特に製造業界の中小企業が脱炭素を進めるきっかけは、取り引き先である大企業からの要請ということが

図 17　グリーン・バリューチェーンプラットフォーム
出典：環境省、グリーン・バリューチェーンプラットフォームとは

多いでしょう。要請に対応するために自社で専門人材を確保することや、外部の専門家に依頼しながら進めていくことが理想的ですが、コスト面から難しい場合も多いのではないでしょうか。

そのような場合は、政府が提供している情報を上手に活用していくことをお勧めします。例えば、環境省が運営している Web サイトの「グリーン・バリューチェーンプラットフォーム」には、サプライチェーンの排出算定から脱炭素経営までの様々な情報が掲載されています（**図 17**）。グリーン・バリューチェーンプラットフォームは、企業の脱炭素経営に向けた取り組みを支援するために温室効果ガス排出に関し、①知る、②測る、③減らす、の各ステップにおける取り組み方法や各種事例紹介、ガイドをまとめた「脱炭素経営」の総合情報サイトです。

特に製造業は、他の産業に比べて温室効果ガスの削減対象となる項目が多いことに加えて、製造する製品によって削減方法も異なります。例えば、製造業でも食料品、繊維製品、医薬品、電気機器などがあり、利用しているエネルギーの種類や量、削減方法が大きく異なります。グリーン・バリューチェーンプラットフォームでは、企業の取り組み事例を業種ごとに細かく分類し、詳しく紹介してます。中小企業の取り組み事例も多く紹介されているため、自社に近い状況にある企業を見つけることができます。加えて、同省が発行する「中小規模事業者向けの脱炭素経営導入ハンドブック－温室効果ガス削減目標を達成するために－（事例集）」では、脱炭素を実際に進めるうえでのメリット、プロセス、計画立案方法、補助金・助成金の活用方法について学ぶことができます。

［参考文献］

- 大正大学 地域構想研究所 中島ゆき：統計データからみる④、この15年で日本の産業構造はどう変わったのか？、2019年4月26日
  https://chikouken.org/report/report_cat01/9225/
- 池尾和人：電力は「輸入」できないのか、アゴラ言論プラットフォーム、2011年3月22日
  https://agora-web.jp/archives/1286554.html
- 経済産業省、商工業実態基本調査、1．中小企業の企業数
  https://www.meti.go.jp/statistics/tyo/syokozi/result-2/h2c5k5aj.html
- セールスフォース・ジャパン 鹿内健太郎：海外事例で考える「脱炭素×製造業」の未来（2）、なぜBASFは製品4万5000点のCO2排出量を可視化できたのか、2022年3月30日
  https://monoist.itmedia.co.jp/mn/articles/2203/30/news009.html
- Appleプレスリリース、Apple、世界各地でサプライヤーが再生可能エネルギーの利用を大幅に加速できるよう支援、2022年4月14日
  https://www.apple.com/jp/newsroom/2022/04/apple-helps-suppliers-rapidly-accelerate-renewable-energy-use-around-the-world/
- 環境省、グリーン・バリューチェーンプラットフォームとは
  https://www.env.go.jp/earth/ondanka/supply_chain/gvc/index.html

2のまとめ

ビジネス

脱炭素推進で社内、社外の新たな連携づくりを

製造業は温室効果ガスを排出する事業領域が多く存在します。例えば、原材料の仕入、製造プロセス、輸送プロセス、製品の廃棄部分など多岐にわたります。IT産業、サービス業のように電力を見直すことによって、大半の温室効果ガスを削減できるわけではありません。製造業の中には温室効果ガスの削減方法自体が現時点では手探りな領域も多く、脱炭素を実現するということは「針に糸を通す」ような困難さがあります。

そのような製造業において脱炭素を推進する際、これまであまり接点のなかった社内の部署同士が連携をしなくてはいけないケースも出てきます。製造業の特徴として工場や営業所などの拠点が物理的に離れた縦割りの組織構造が多いため、部署間の連携は骨が折れる作業になります。

しかし、だからこそ脱炭素推進をきっかけに会社全体をより活性化させ、効率化させることができます。あまり接点がなかった理由から情報共有がされず、非効率だった部分について「温室効果ガス削減」を合言葉として新たな情報の流れをつくり、連携を強めていくことができます。

温室効果ガスの削減を「現場」に積極的に進めてもらうには、ただ単に「削減に取り組みましょう」という号令だけでは片手落ちです。なぜ実施するのかの理解が現場で進まない限り、上からいわれたので仕方がなくやるという後ろ向きな姿勢になってしまいます。「会社にとってどのようなメリットがあるのか」、「どのような長期的な計画を描いているのか」をあの手この手で伝える。脱炭素の推進が現場レベルまで腹落ちすることで、新たな武器として活用することができます。新たな武器とすることで、ステークホルダーとのコミュニケーションにも活用できます。行政、メディア、NPOなどの非営利組織からの評価が上がり、顧客からさらなる支持、従業員の満足度向上、金融機関からの支援にもつなげていけます。

その延長線上には自らの業界をリードするプレーヤーになる可能性も出てきます。温室効果ガス削減は業界ごとに特有の課題があります。率先して課題を解決し、ノウハウを蓄積し、業界全体に共有していく。脱炭素推進を活用して自分たちの業界でのポジションをさらに高めていくこともできるのではないでしょうか。

技術

スコープ3を見据えたモノづくり

工場などの生産の現場は革新的イノベーション技術で大きく変わり始めています。新たに工場を建設する場合は、工場内の電気設備から生産設備まで、すべて最新のシステムを導入すればよいのですが、日本の工場の多くは部品メーカーとのサプライチェーンが構築されていることなど、既存の生産工程を活かしつつ、生産計画に合わせて生産設備の改修・更新を行うことが一般的です。

既存の工場には、電気設備やガス設備、蒸気・水配管など様々な種別のエネルギーインフラ(ユーティリティ設備)が存在しています。新たな生産設備を導入する場合も工場内にそのユーティリティがあることを前提に設計をします。生産設備を導入・管理する部門としては製品を滞ることなく製造することが業務であるため、製造行程については目を光らせていますが、電気・ガス・水・蒸気などのエネルギーは、ユーティリティを管理する部門に任せることが多くなります。

その結果、生産管理部門もユーティリティ部門も各々の管理範囲での改修に限られてしまうケースが生じます。カーボンニュートラル化を図るためにはエネルギー源の転換といった抜本的なリノベーションが必要となります。既存の工場のインフラも活かしながらデジタル化と分散型のユーティリティへと計画的に高度化を図ることが重要です。それが電化です。従来多く用いられてきた蒸気システムに比べて個別設置しやすいシステムです。それでも電化可能な領域は限られています。素材産業や高温度で大量の熱需要が必要な工程には電化が困難な需要が多くあります。そこには掘削して得る化石燃料が使われていましたが、技術によって燃料を製造するチャレンジが始まっています。それが水素やアンモニアです。

すべてを転換するには時間と費用がかかりますが、生産性の向上など生産工程の見直しをよい機会と捉えれば、計画的に中期的な期間をかけてリプレースを行うことも可能です。臨海部では、コンビナート単位での非化石燃料化、内陸部では再エネ由来の電力を活用して、生産工程で CO_2 を排出しないモノづくり、すなわちスコープ３に対応した製造業が新たな経済成長の起爆剤として期待されているのです。

3

輸送—自動車、船舶、飛行機など

運輸部門の CO_2 排出量

モータリゼーションは20世紀に大きく発展してきました。移動の自由、経済の成長などの恩恵を世界中の人々にもたらす一方で、環境への影響や渋滞・事故などの問題が存在したことも否めません。こうした社会的な影響を軽減するために様々な取り組みや開発が行われて来ています。

2017年度における世界の運輸部門の CO_2 排出量は年間約80億tで、世界全体の CO_2 排出量の約24%を占めています。これは発電部門の41%(136億t)に次ぐ割合となっています(**図1**)。

一方、2020年度における日本の CO_2 排出量（10億4,400万t）のうち、運輸部門からの排出量は1億8,500万tで、全体の17.7%を占めています。運輸部門における CO_2 排出量の推移では、1997年度から2001年度にかけてほぼ横ばいとなり、2001年度以降は減少傾向に転じています。2020年度は自動車の燃費改善や新型コロナウイルス感染症の影響による輸送量の減少などにより、2013年度比で減少。また、前年度比でも減少し、8年連続の排出量減少となっています。

国内の運輸部門をもう少し詳しく見ていきましょう。自動車は全体の87.6%（旅客自動車48.4%、貨物自動車39.2%）で、運輸部門の CO_2 排出

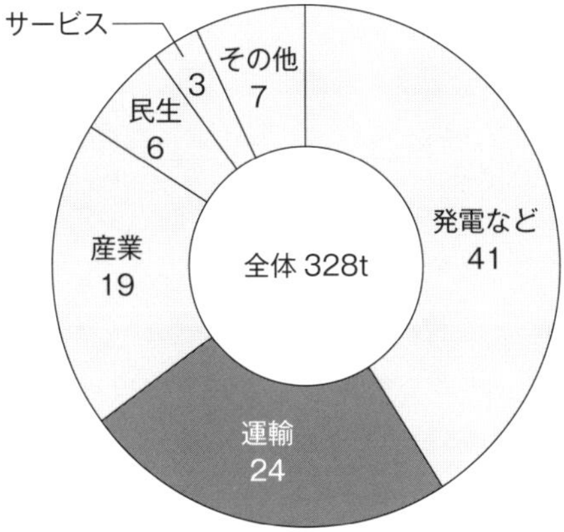

図1　世界の部門別 CO_2 排出量（2017年度）

量の多くの割合を占めています。自動車は輸送するものにより貨物自動車と旅客自動車に分けられます。貨物自動車とは、貨物の運送の用に供する自動車で、トラック、ライトバンなどです。旅客自動車とは、人の運送の用に供する自動車で乗用車およびバスです。そのほか、航空は2.8%、船舶は5.3%、鉄道は4.2%となっています(**図2**)。

別の視点で内訳を見ると、自家用乗用車は45.7%、営業用貨物車は21.9%、自家用貨物車は17.4%、バスは1.6%、タクシーは0.7%、二輪車は0.4%となっています。意外に思われるかもしれませんが、自家用乗用車の比率は45.7%と非常に高い現実があります。世界全体でも自家用乗用車の比率は5割程度です。

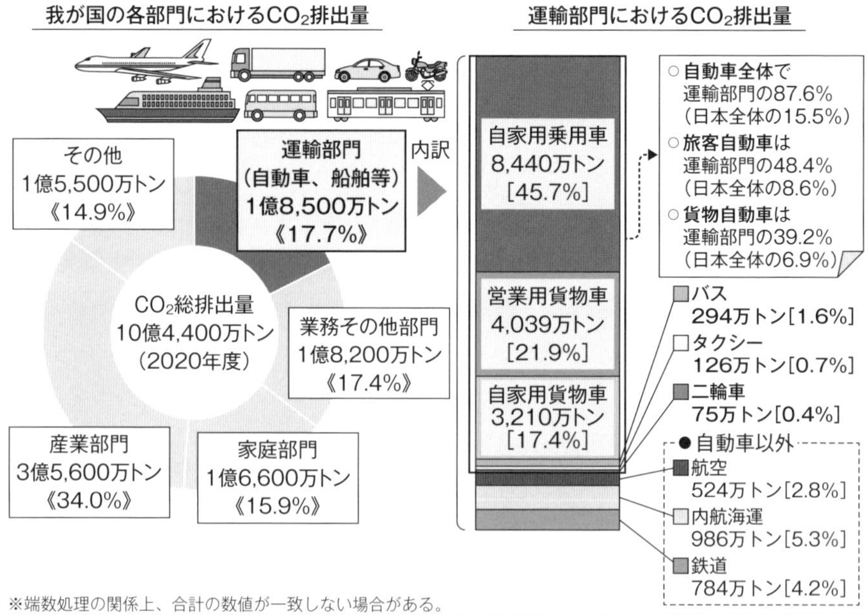

※端数処理の関係上、合計の数値が一致しない場合がある。
※電気事業者の発電に伴う排出量、熱供給事業者の熱発生に伴う排出量は、それぞれの消費量に応じて最終需要部門に配分。
※温室効果ガスインベントリオフィス「日本の温室効果ガス排出量データ(1990～2020年度)確報値」より国交省環境政策課作成。
※二輪車は2015年度確報値までは「業務その他部門」に含まれていたが、2016年度確報値から独立項目として運輸部門に算定。

図2　日本の運輸部門のCO_2排出量
出典：国土交通省、運輸部門における二酸化炭素排出量、令和4年7月5日

このことから、個人が工夫することで削減できる余地が多くあるということがわかります。例えば、自動車ではなく自転車や交通公共機関を利用すること、電気自動車（EV）に乗り換えることなど、私たちの生活パターンを変化させることは環境に大きなインパクトを与えるといえるでしょう。

CO_2 削減に関する動き

では、次に運輸部門での CO_2 削減に関して、なぜこのようなエネルギー転換の動きがあるのか、ここ10年の動向を振り返りながら考えていきましょう。主な理由としては、地球温暖化の主な原因である CO_2 の排出量を抑制する「脱炭素社会」を目指す動きがあります。1997年に京都で開催されたCOP3，すなわち第3回気候変動枠組条約締約国会議で採択された通称「京都議定書」は、温室効果ガスの削減目標を規定したものとして、現在でも広く知られています。

京都議定書が採択されたのとほぼ同じタイミングで、「21世紀に間に合いました」のキャッチコピーとともに、世界初の市販ハイブリッド自動車（HEV）であるトヨタ自動車「プリウス」が発売されました。その後、HEVが急速に普及し、エコカーの代名詞となりました。

自動車は最も CO_2 排出量が多く、運輸部門の約85％を占めています。このため、自動車の脱炭素化に向けた対策が最も高い効果が期待されます。

国内メーカーのEVは、三菱自動車が2009年に「i-MiEV」を、日産自動車が2010年に「リーフ」の発売を開始。2010年代に入ると、すでに世界最大の自動車販売市場へと成長した中国の政策によって、世界中の自動車メーカーの電動化が加速しました。EVやプラグイン・ハイブリッド自動車（PHV）に対して巨額の補助金を助成することで、中国の都市部ではこれらの電動車が急増していきます。

一方、2015年にアメリカで発覚したVolkswagenのディーゼルに関する不正問題によって、それまで電動化には比較的慎重だったヨーロッパの自動車メーカーも、電動化へ巨額の投資に舵を切ることになります。CO_2 削減や大気質改善を目指す各国政府によって各種インセンティブプログラムが設けられ、EV 普及の原動力となってきました。

また、近年「CASE」といわれる大きな技術革新の波が訪れています。Connected（コネクテッド）の「C」、Autonomous（自動運転）の「A」、Shared（共有）の「S」、そして Electric（電動化）の「E」を取って「CASE」と称し、これからの自動車社会が迎える大きな変革を象徴しています。こうした大きな構造変化は、従前のビジネスモデルが大きな変更を迫られるという意味でネガティブに捉えられることもありますが、より効率的で、安全で、自由な移動を可能とし、自動車と社会の新しい関係を開くものとポジティブに捉えることもできます。

ビジネス的な魅力という側面も輸送部門の CO_2 削減の原動力としてあります。SDGs の潮流、ESG 投資（環境（Environment）・社会（Social）・ガバナンス（Governance）要素も考慮した投資）の高まりから、企業として投資マネーを呼び込めるチャンスでもあります。特に EU では、欧州委員会が 2017 年 5 月に「Europe on the Move 1」を公表。同年 11 月に公表された「Europe on the Move 2」では、「クリーンな自動車における EU のグローバル・リーダーシップ」を強化することが強調されています。このことから、EV が新たな産業政策の一環として組み込まれてきたといえるでしょう。

アメリカではイーロン・マスク氏が率いる Tesla が誕生し、時価総額（2022 年代半ば）は 1 兆ドルとトヨタの時価総額の 4 倍を超えるなど大きな影響力をもつようになってきました。

EV の経済合理性のさらなる高まり

直近では、さらに EV 化の動きが加速しています。その背景は燃料費の高騰です。コロナ禍後の経済回復による需要逼迫とスペインのエネルギー危機、さらに、ウクライナ戦争で原油価格が上がり、ガソリン車より EV の方が圧倒的なコストメリットが出るようになってきました。アメリカではロシア産原油の輸入停止で EV トラックの Nikola が株価急騰するニュースが取り上げられたほどです。ヨーロッパでは電気料金も上昇しているものの、ガソリンや軽油ほどの価格上昇のインパクトはないため、経済合理性に合うようになってきたといえるでしょう。

自動車に期待される新たな取り組みの1つが、気候変動対策への積極貢献ではないでしょうか。新興国を中心に世界の自動車の販売台数は引き続き増加すると見られていますが、都市化の進展ともあいまって、大気汚染やエネルギーセキュリティ上の課題が一層顕在化することが想定されます。

世界各国において、自動車の燃費規制の強化などを通じた環境性能の向上がこれまで以上に求められています。加えて直接 CO_2 を発生させない車両の導入として、クリーンエネルギー自動車である電動車が候補として挙げられています(**図3**)。

電動車（xEV：電気自動車（BEV：特に注釈のない場合は、ここではBEVをEVと称します)、プラグイン・ハイブリッド自動車（PHV)、ハイブリッド自動車（HEVまたはHV)、燃料電池自動車（FCV)）のコア技術（電池、モーター、インバーター）は共通であり、いずれも従来のガソリンやディーゼルなどのエンジン自動車より高い環境性能があるものの、価格、航続距離、インフラに求められる要件など、それぞれ異なる特徴を有しています。

xEVが、どのタイミング・規模で導入されていくことが適当かは、経済成長段階やエネルギー需給制約など、国や地域の状況によって大きく異なり

図3　クリーンエネルギー自動車の種類

出典：経済産業省、令和4年度資源・エネルギー関係概算要求の概要、クリーンエネルギー自動車導入促進補助金

ます。環境技術の世界的な普及拡大を最も効果的･効率的に進める観点から、地域の多様性を踏まえたきめ細かな対応が自動車メーカーの成否のカギを握ると見られています。

そのような中で、ついに2021年に世界のEVの新車販売台数が初めてHVを上回りました。世界のEVの新車販売台数は約460万台と2020年の2.2倍に増えています。欧米でも販売が好調で、特に低価格帯の車種が人気の中国では新車の1割をEVが占めています。「2021年のEV販売台数は世界で約660万台とされ、2019年の3倍増（世界シェア8.6%）」（国際エネルギー機関）というデータもあります。

それでは、ここからは、自動車（旅客自動車、貨物自動車）、航空、船舶での具体的な動向について見ていきましょう。

EV、FCV化が進む自動車業界

この先、10年15年かけて世界中のほぼすべての自動車メーカーがxEV化に向かって進んでいます（**表1**）。EU、アメリカ、中国、日本などは2035年頃には新車販売をすべて電動車にする目標を掲げています。先述した通り、エネルギー価格の上昇によっては消費者が経済的な理由からEVを選択するなど、想定を上回るペースでEVの普及が進む可能性があります。

アメリカでは、先述したTeslaのほかにも多くのベンチャー企業が誕生しています。元Teslaのチーフエンジニアであるピーター・ローリンソン氏がカリフォルニア州で創業したLucid Motorsや、2009年にマサチューセッツ工科大学出身のR・J・スカリンジ氏が創業し、2011年の社名変更により誕生したRivian Automotiveなどがあります。

また中国では、特に低価格帯の車種が人気です。例えば、上汽通用五菱汽車は、43万円に価格をおさえた「宏光ミニEV」を発売して話題となりました。他にも、Tesla最大のライバルになると注目されている中国のEVメーカー、上海蔚来汽車（NIO）は、2014年に上海で設立されたばかりの新興企業ですが、すでに3車種を発表しており、アメリカでは約2,400億円の資金調達に

表1　電動化ロードマップ

	各国・地域の目標	各社の目標
2025年	• インド　マハーラシュトラ州：新規車両登録の10％をEVに • インドネシア：生産の20％をEVに	Volvo Cars：50％をEVに
2030年	• 東京都：新車をすべて電動車に • タイ：国内生産の30％をEVに • アメリカ：新車販売の50％をEV/FCV/PHVに	• HONDA：先進国40％ EV/FCV • トヨタ：世界販売800万台EV/FCV/PHV/HV • マツダ：100％ EV/PHV/HV • 三菱：50％ EV/PHV/HV • VW：欧州70％、北アメリカ・中国50％ EV • BMW：50％ EV • Renault：欧州90％ EV • FORD：40％ EV • Stellantis： • 日産：主要市場で100％ EV/HV • スバル：電動車100％
2035年	• 日本：新車をすべて電動車に • EU：HVを含むガソリン車の新車販売を原則禁止 • イギリス：HVを含むガソリン車の新車販売を禁止 • アメリカ　カリフォルニア州：EV/FCV100％ • 中国：新車販売をすべて電動車に（HV50％、EV/FCV/PHV50％）	• HONDA：先進国80％ EV/FCV • トヨタ：中国50％ EV/FCV
2040年	フランス：ガソリン車の新車販売禁止	

も成功しています。

日本では、長らく競争優位を保ってきたため、国内の部品サプライチェーンの整備も含めて遅れをとってしまったといわれています。それでも、2021年12月にトヨタの豊田章男社長（当時）が、EV16台をお披露目した説明会で「2030年までに30車種のバッテリーEVを展開し、グローバルに乗用・商用各セグメントにおいて、フルラインでバッテリーEVを揃えていく」と発表しました。HONDAや日産といった国内主要メーカーも各社と提携し、EV量産体制を整えています。

そのほか、AppleやSONY、中国のIT企業などの異業種参入も活発になっています。異業種参入により、新しい技術的なイノベーションや、価格の押し下げ、エンターテインメント要素の取り入れなど、ビジネスモデル的なイノベーションを起こすきっかけになることが期待されています。

その1つに、EVに搭載されている「蓄電池の活用」が挙げられます。国土交通省の調査によると、全時間を通じて約9割の自動車が停車しているとされています。停車中は駐車場にアイドリング状態の蓄電池が置かれているこ

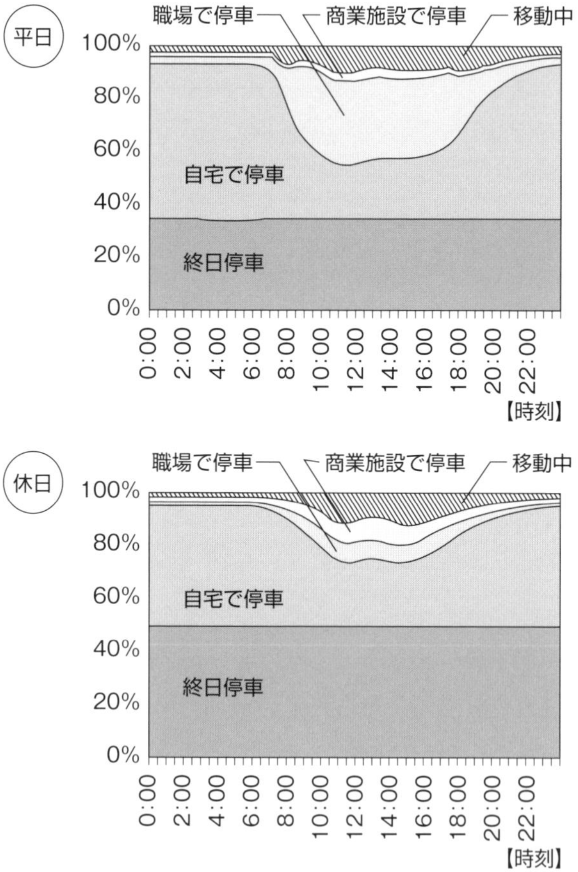

図4　日本における現状（ガソリン車）の自家用乗用車利用実態

出典：篠田幸男：電気自動車へのこれまでの取組と将来への期待、スマートグリッド、2017年1月号、大河出版

とと同じことです（**図4**）。

EVの充電方法には自宅や駐車場での普通充電と、公衆や店舗での急速充電の2つの方法があります。自宅や駐車場では停車時に普通充電を行うことになりますが、これは自動車が家電製品同様、自宅の電気の配線でつながることを意味します。つまり、CASEのCのConnectedは、通信や情報が自動車とつながるだけではなく、電気の配線という物理的なつながりももつことになります。

一般的には住宅から自動車への充電が普通充電ですが、急速充電の規格であるCHAdeMO（チャデモ）を利用すれば、自動車から住宅に向けて放電することも可能になります（**図5**）。これをビークル・トゥー・ホーム（VtoH：Vehicle to Home）、またはVtoXといいます。停車時には住宅で蓄電池として使えるようになるのです。

戸建て住宅では屋根にPV（太陽光発電）を載せる住宅が増えています。

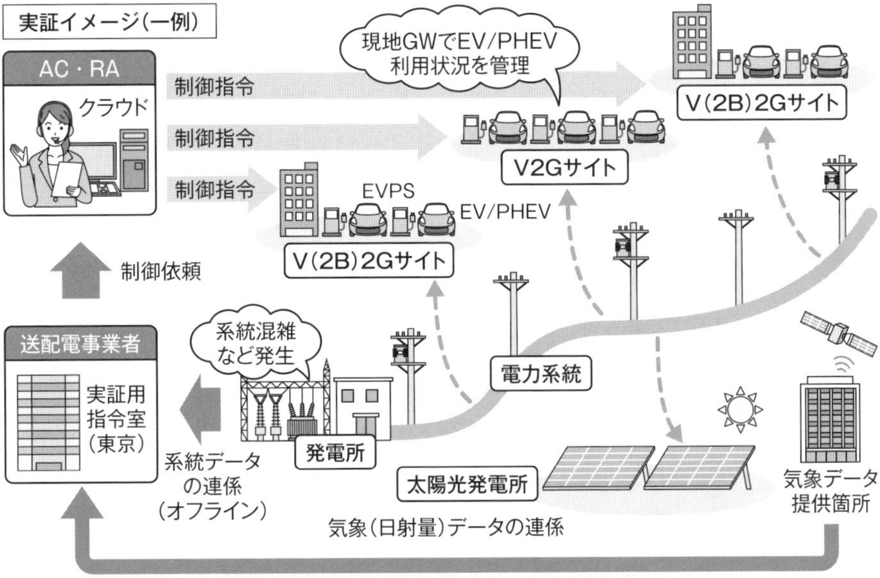

※すべての実証サイトが同一の商用系統に接続されていると仮想設定し、制御を実施

図5　EV蓄電池を使った充放電イメージ（東京電力のEVアグリゲーション実証事業）

これまでPVの余剰電力はFITによって高値で売電することができましたが、FITが満了を迎えた場合やPVで自宅の電力をまかなうことを考えた場合、昼間の余剰電力をEVの蓄電池に蓄え、その日、自動車に乗らないのであれば日没以降の夕方・夜間の電力をEVから放電し、自家発自家消費を行うことも可能となります。そのようなこれまでの移動手段としての自動車以外の利用方法ももっと登場するかもしれません。

急速充電設備には、国内では電源に三相200Vを使用しています。大容量／中容量タイプがあり、充電器を製造しているメーカーにもよりますが、大容量タイプが40kW/50kW（電池がほぼ空に近い状態から80％まで充電するのに15～30分程度）で、中容量タイプが20kW（同じく80％まで充電するのに30分～1時間程度）です。現在、道の駅、ガソリンスタンド、高速自動車国道のSA、カーディーラー、商業施設などへの設置が進められています。さらに海外では公道での充電も進められているため、国内でも神奈川県横浜市で実証を行うなど公道での充電も期待されています。

また、EVの蓄電池の大容量化に伴い、これまでの50kWでは充電に時間がかかることから300～400kWの急速充電の規格も制定されています。

一方、日本、ヨーロッパ、アメリカ、中国で、それぞれ急速充電の規格が制定されたことからコネクタの形状が異なっています。日本と中国は、今後「ChaoJi（チャオジ）」と称した共通の規格での普及を目指しています。

異なる発展を遂げる商用車

商用車の電動化も活発です。電動車は充電設備などの問題により、インフラとセットで考える必要があります。商用車は決められたルートで事業者が使用し、乗用車に比べて充電インフラの確保や保守メンテナンスが容易であることから、参入しやすいという面があります。また、自社で保有する車両をEV化することは脱炭素戦略として非常に重要なアピールポイントになります。物流業界では、EC化率が増えたことなどで物流の「ラストワンマイル」が課題になっています。そのため、電動車によって配送効率を上げることも期待されており、宅配大手のヤマト運輸や佐川急便は海外の自動車メーカーと手を組み、開発を進めています。

Teslaのライバルと称されることもあるNikolaは、2015年にアメリカアリゾナ州で設立。EVやFCV、電動パワートレイン、エネルギー貯蔵システム、水素ステーションなどの設計と生産を手がけています。2020年9月にはGeneral Motors（GM）と戦略的提携を結び、燃料電池技術を含めてGMの次世代EVパワートレインの供給を受けることが決まっています。

他には、ドイツのDaimlerは2018年に大型のEV「eアクトロス」を発売しました。日本勢では、三菱ふそうトラック・バスが2017年に積載量が最大約4tのEVトラックを発売しました。いすゞ自動車や日野自動車は2022年以降の投入を見込んでいます。

トラックヤードは、都市間の移動(輸送)が多いことや、駐車場の敷地確保の観点から多くは郊外に立地しています。再エネ発電と輸送業は立地的に近接していることからエネルギーの地産池消といった取り組みも視野に入ります。

EVと併せて普及が期待される自動車がFCVです。FCVはその名の通り、燃料電池（Fuel Cell）を利用した自動車です。燃料電池には水素のほか、メタノール、エタノールなども燃料に使うことが可能なものもありますが、現在市販されているFCVや、これから市販が予定されているFCVのほとんどが純粋な水素を燃料にしています。

FCVは燃料電池で発電する電気を利用して走るため、エンジンの代わりにモーターが搭載されています。この点は、リチウムイオン電池やニッケル水素電池を利用するBEVと同じです。

また、FCVは一般的な乗用車だけではなく、路線バス用の燃料電池バスも開発され、実際の営業路線での運用が始まっています。トヨタはFCV「MIRAI」の技術を利用した燃料電池バス「SORA」を、2016年から販売を開始しました。東京都交通局の都営バスをはじめ路線バスで営業運転が行われています。

他にもFCフォークリフトが開発されています。倉庫や工場内での利用では排気ガスが出ないモーター式のフォークリフトのニーズも高く、すでに導入されている蓄電池式フォークリフトは充電に時間がかかることに対して、FCフォークリフトは充てんが数分で済むことから稼働率の高いフォークリフトへのニーズが高いと思われます。

FCVの課題は、水素の供給を行うためのインフラを新たに整備しなければならないことです。インフラ整備と一言でいっても、水素を製造するための製造装置、水素を供給するための輸送手段、水素を自動車に充てんするための水素ステーションなどサプライチェーン全体を一から構築する必要があります。

大型トラックの場合、トラックヤード間の行き来が中心となります。走行ルートが決まっていることが多いため、トラックヤードに水素ステーションを整備することでステーションの稼働率を高めることや、水素の配送も行いやすくなります。また、工場などで水素を製造するためのPower to Gas装置を導入していれば、その工場から水素を供給してもらうことも可能になります。物流は工場でつくられた製品を輸送することが目的の1つなので、工場で水素を製造する近くに水素ステーションが整備されることは合理的です。

EVより航続距離を伸ばしやすく、燃料充てん時間も短いFCVの技術が注目されているのです。走行ルートが決まっていることが多い商用トラックなら、乗用車に比べて水素充てんインフラの問題が解決しやすいという側面もあります。このことから大型トラックでのFCVの導入は国際的に機運が高まっています。各社はEVと両軸で可能性を探っています。

航空業界の動き

市場メカニズムを活用した温室効果ガス削減制度が2027年から義務化される航空分野では、機体重量の軽減による燃費効率向上と運航コスト削減を目的に、動力系統の電動化が進んでいます。電動化は航空機の騒音も半減できるといいます。Avinorは、ノルウェー国内を発着する短距離路線(飛行時間が1時間半以内)の全便を2040年までに電動航空機に完全に切り替える計画です。BoeingとAirbusも、電動航空機の実用化に取り組んでいます。しかし、現在の技術では、電動化は小型機・短距離(1,000km以下)では活用可能である一方で、大型機・長距離にはバッテリーでは性能的に耐えられず、他の手段や方法との組み合わせを活用することが必要とされています。既存の航空機に適用させやすい解決策としては、大きく2つあります。

1つ目は、燃料と電気のハイブリッドシステムを用いたハイブリッド飛行機です。2つ目が持続可能な航空燃料(SAF:Sustainable Aviation Fuel)の導入促進です。EUは2030年にSAFを航空燃料に5%使用することを義務化する方針を決めています。しかし、SAFは現在の原料供給量に限界があり、今後の需要増に即時に対応できない可能性も指摘されています。そこで欧米を中心とした世界各国でバイオジェット燃料の開発や実用化が進められており、2030年以降の本格的な普及が予想されています。日本でも2022年4月に三菱商事とENEOSが共同でSAFを開発する検討に入ったと発表するなどの動きが出てきています。また、将来的には水素航空機の技術やサプライチェーン構築も行われています。

国際航空分野の温室効果ガス排出削減については、国際民間航空機関(ICAO)において、グローバル削減目標(1. 燃料効率を毎年2%改善、2. 2020年以降、国際航空からの総排出量を増加させない)が定められています。国境を越えて活動する国際海運および国際航空セクターからの温室効果ガス排出対策については、船舶(または航空機)の船籍国や運航国による区分けが難しく、UNFCCCにおける国別の削減対策には馴染まないため、国連の専門機関であるICAOおよび国際海事機関(IMO)にそれぞれ検討が委ねられています。

新技術の導入、運航方式の改善、代替燃料の活用に加え、国際航空におけるカーボンオフセット制度(CORSIA)の構築が検討されています。2018年6月に国際民間航空条約附属書としてCORSIAが採択され、本制度に基づ

く CO_2 排出量の削減は、2021 年から自発的に参加する国間の航路を対象に開始され、2027 年以降は、一部の国を除き一定以上の輸送量の国との航路にも対象が拡大される予定です。

国内では、「地球温暖化対策計画（2016 年策定）」において、CO_2 の排出原単位で 2013 年度の 1.3977 kg-co_2/kg-t を 2030 年度までに 1.2835 kg-co_2/kg-t まで削減する目標を定めています。省エネルギー法では直接、航空事業者に対する措置は講じられていませんが、荷主の措置で航空で消費したエネルギーも加味することになっています。

国内の航空事業者団体である定期航空協会では、環境対策として次の取り組みを掲げています。

目標：2020 年度の CO_2 排出原単位を 2005 年度比で 21％削減

実績：2018 年度の CO_2 排出原単位は 2005 年度比で 23％削減

主な取り組み内容：

- 燃費効率の良い新型機の導入
- 広域航法等の高精度航法による飛行距離・飛行時間の短縮
- 搭載物の軽量化（貨物用コンテナ・機内食備品の軽量化、搭載燃料、飲料用水量の適正化）
- エンジン洗浄によるエンジン性能回復、燃費向上
- 代替燃料の導入に向けた各関係先との連携による課題抽出及び解決に向けた検討

航空機材などによる脱炭素化に向けては、電動化や軽量化、水素航空機などの機材・装備品の技術開発が必要です。そのためには基準策定などを実施する体制の構築なども必要になります。加えて、航空交通全体の最適化による円滑な交通流の実現のためのオペレーションも必要となります。航空機材の開発には時間がかかることから、短期的にはオペレーションの運航情報のデジタル化、航空機監視の高精度化、管制システムの高度化（AI の活用等）、通信の高速大容量化など DX の導入が進められています。

すでに述べてきた通り、最も効果の高い取り組みは SAF の導入促進です。

機材の開発やオペレーションを高度化して一定量、消費する航空燃料を削減したうえでも燃料を消費することには変わりがないため、燃料そのものを非化石燃料由来の燃料に置き換えるということです。

SAF については、低コストでの安定的な確保・供給が可能となる体制を構築するため、国産 SAF の開発が不可欠です。温暖化対策でヨーロッパは国境調整により輸入される製品の製造時での CO_2 や、その他温暖化ガスの排出を抑制するための措置が講じられる可能性が高く、航空機も非化石燃料による運航が義務づけられると、ヨーロッパに就航することができないおそれも考えられます。

ICAO では、すでに採択済みの国際航空の CO_2 削減に関わる中期目標に加え、長期目標についても議論を進めていますが、日本をはじめ地政学的に資源の乏しい国が国際ルール上、不公平な制度とならないように、長期目標の検討に積極的に関与していく必要もあります。

一方、航空機も船舶同様、飛行時だけではなく駐機している時に消費するエネルギーも削減することが求められています。航空機は飛行時に機内の電力や空調に必要なエネルギーをエンジンの動力を利用して発電や圧縮機の動力として活用しているため、駐機時でも自らのエンジンで、機内で消費するエネルギーをまかなうことが可能です。しかしながら、エンジンで消費する燃料は化石燃料であることや、必ずしも発電効率が高いエンジンを搭載しているわけではないため、駐機時は機外からエネルギー供給することも効果の高い対策として進められています。大規模な空港では、GPU（Ground Power Unit）と呼ばれる飛行機に電力を供給する設備や、空港または搭乗ゲート下部に設置された高効率な空調機から機内に冷気・暖気を供給する設備などが配備されています（**図６**）。

国土交通省は空港および空港周辺地域において、環境の保全および良好な環境の創造を推進する施策を実施している空港を「エコエアポート」と定義し、2003 年にガイドラインを策定しています。国管理空港およびコンセッション空港を対象として各空港におけるエコエアポート協議会での空港環境

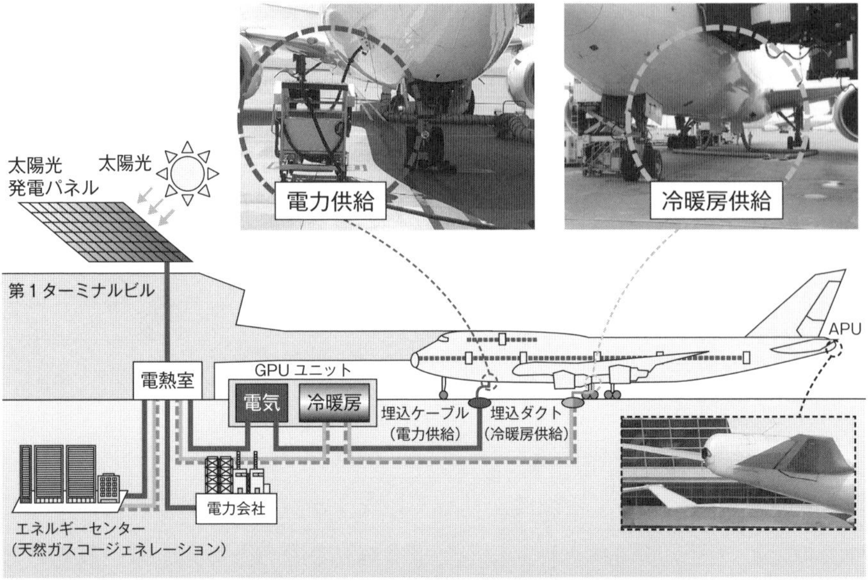

図６　駐機時における外部からの給電・空調供給方法
出典：中部国際空港（株）

計画の策定を義務づけ、毎年度各空港の取り組みをフォローアップする仕組みが講じられています。

さらに、「2050年カーボンニュートラル、脱炭素社会の実現」に向け、空港においても施設・車両からのCO_2排出削減の取り組みを進めるとともに、空港の特性を踏まえた再生可能エネルギーの活用を加速させていく必要があることから、2021年３月から翌年にかけて国土交通省は新たに「空港分野におけるCO2削減に関する検討会」を設けて、空港の再エネ拠点化方策および空港の各施設・車両からのCO_2排出を削減する方策などの具体的な検討を通じて日本の空港の脱炭素施策を整理しています（**図７**）。

施策としては、エコエアポートの取り組みを加速し、空港施設・空港車両からのCO_2排出削減を推進、グリーン電力・水素を活用、建替時のZEB（Net Zero Energy Building）への転換、EV・FCV化を加速する車両の技術開発などが謳われています。その実現に向けては意欲的な空港を公募し、各空港の特性に応じた取り組み内容の検証や、事業スキーム構築などについて事例

【CO2 排出量内訳】
※2018 年度の国内全空港

大項目	小項目	排出量
空港施設	照明、空調等	78 万トン
	航空灯火	2 万トン
空港車両	GSE 車両	9 万トン
計		89 万トン

大項目	小項目	排出量
航空機	駐機中	43 万トン
	地上走行中	126 万トン
計		169 万トン

【CO2 排出削減に向けた取組方針】

- 照明 LED 化や空調の高効率化等を進める。
- 建替時には省エネ対応を行う。

- 2030 年度までに LED 灯火導入率 100% を目指す。

- 更新に合わせた EV・FCV 化を進める。
- 充電・水素ステーション整備等を推進する。
- 更なる EV・FCV 化に向け車両技術の開発を推進する。

- 基本的に全ての空港への地上電源導入を目指す。

- 高速離脱やインターセクションデパーチャのための誘導路について、CO2 削減効果が大きい空港から整備の検討を行う。

図7　空港施設・空港車両の CO_2 排出削減の方向性
出典：国土交通省、空港分野における CO2 削減に関する検討会第2回、令和3年6月4日

的・実証的な調査を行うモデル的な空港（重点調査空港）を選定することとしています（**図8**）。

また、空港の再エネ拠点化は、空港における CO_2 排出削減に寄与するだけでなく、

① 空港の経営基盤強化（ESG 時代における資金調達円滑化、売電による安定収入確保）

② 航空会社の国際競争力強化・利用者負担軽減（空港からの炭素クレジット購入）

③ 空港周辺地域との連携強化（低未利用地の有効活用、災害時を含む電力利用）

など、総合的に空港の高度化を図ることとしています。

船舶業界の動き

船舶でも電動化の動きは進んでいます。港への環境配慮や騒音、労働環境

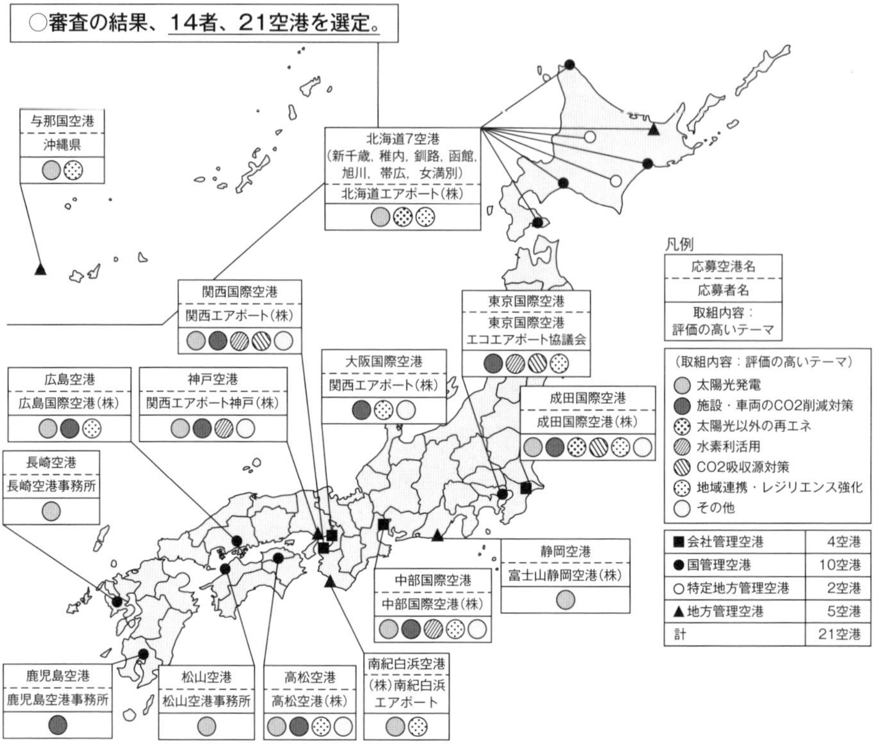

図8　「空港分野における CO2 削減に関する検討会」に基づく重点調査空港

出典：国土交通省プレスリリース、空港のカーボンニュートラル化を目指し、「重点調査空港」を選定しました、令和3年7月28日

の改善の点からも期待されています。

日本では、パワーエックスが電気運搬船舶を開発。2025年末までにプロトタイプ船の実現を目指しています。パワーエックスは2021年に日本で設立したベンチャー企業で、日本郵船と協業し、電気運搬船舶「Power ARK」ならびに電気推進船の試験運航に向け実証試験を進めていくといいます。

このような中、2022年4月、日本初のEV（Electric Vessel）タンカー「あさひ」が川崎港に就航しました（**写真1**）。併せてEVタンカーの給電ステーションも完成しました。

日本の内航海運は、船員の不足や高齢化、船舶の老朽化といった構造的な問題を抱えています。日本内航海運組合総連合会によると、内航船員（日本人）

写真１　電動船舶「あさひ」

出典：川崎市・旭タンカー(株)・東京電力エナジーパートナー(株)プレスリリース、～世界初のEVタンカー接岸～川崎港にEVタンカー給電ステーションが完成しました、2022年4月14日

約２万人のうち、50歳以上が過半を占めています。船員は船上で過ごす時期と、陸上で休む時期をひと月単位で繰り返すなど過酷な労働環境が課題となっています。エンジンで駆動する限り運転員も必要であり、人手不足の解消のためにも構造がシンプルな電動船舶には高い期待が寄せられています。

電動化により、船の部品点数は1/100に減り、エンジンはなくなります。エンジンと違ってモーターを駆動するバッテリーは設計の自由度が高いため、新しい船のデザインの登場にも期待がもてます。また、自動車同様デジタル化と自動化にも電動船は適しています。

あさひは、旭タンカーが発注した内航船で、EV船のスタートアップ企業であるe5ラボと共同開発した総トン数499tの標準的なバンカー船です。3,480kWhの大容量の舶用リチウムイオン電池を搭載し、非常時は船から陸に対して給電も可能です。蓄電池の容量は、おおよそ一般的なBEVの100台に相当します。

他にも、エネルギー転換として、水素やアンモニアを活用した燃料船の開発・実証が産学官連携で行われています。グリーンイノベーション基金の「次世代船舶の開発」では、10 年間で 350 億円が投資される予定です。例えば、川崎重工業の液体水素運搬船「すいそ ふろんてぃあ」は、神戸港を拠点に国内で試験運行を行った後、2022 年 4 月に日本－オーストラリア間で実証運航を完遂しました。

今後、需要拡大が見込まれる国際海運分野でも、さらなる温室効果ガスの排出削減が喫緊の課題となっています。

2020 年 3 月に国土交通省は海運・造船・舶用の各海事産業界や研究機関・公的機関などと連携し、「国際海運のゼロエミッションに向けたロードマップ」を策定しました。必要な国際ルールの整備や技術開発・実証の推進などに取り組み、さらに 2028 年までに温室効果ガスを排出しない究極のエコシップ「ゼロエミッション船」の商業運航を目指すことにしています(**表２**)。

この背景にあるのは航空の ICAO と同様、IMO の温室効果ガス削減戦略です。

実際に国内のエネルギー統計でも、国内で運行される内航船は日本が消費したエネルギーとして計上されていますが、外航船はこの統計には含まれていません。国際的な CO_2 の排出削減は各国ではなく、国際ルールにのっとることになっています。

国際海運から排出される温室効果ガスについて、2014 年の IMO の調査によれば、2012 年時点における国際海運全体からの CO_2 排出量は約 8 億 t であり、世界全体の CO_2 排出量の約 2.2% を占めています。2018 年 4 月に、IMO は国際海運分野からの温室効果ガス排出量を 2050 年に半減させ、今世紀中なるべく早期にゼロとすることを目指す「温室効果ガス削減戦略」を採択しています。同戦略においては、2008 年を基準年として、

- 2030 年までに国際海運全体の燃費効率（輸送量当たりの GHG 排出量）を 40%以上改善すること
- 2050 年までに GHG の国際海運からの総排出量を 50%以上削減すること
- 今世紀中なるべく早期に GHG 排出ゼロを目指すこと

を数値目標として掲げています(**図９**)。

表2　国土交通省のロードマップにおける２つの削減シナリオでの2050年の想定

<table>
<tr><th>LNG→カーボンリサイクルメタン移行シナリオ</th><th>水素・アンモニア燃料拡大シナリオ</th></tr>
<tr><td colspan="2">省エネ技術・運航効率化
・2030年に国際海運全体の平均燃費40%改善を想定。
・2050年に国際海運全体の平均燃費45%改善を想定(2030年から＋5%の改善)。</td></tr>
<tr><td colspan="2">石油系燃料油の使用
・2050年までに陸上において燃料としての原油需給が減少し、これに伴って舶用重油の供給が減少すると想定。
・石油系燃料油を使用する船舶の建造が減少し、2035年以降は全ての新造船がLNGその他の代替燃料を使用すると想定。</td></tr>
<tr><td>LNG燃料
・2050年時点で、国際海運の消費エネルギーの約35%がLNGで賄われると想定。</td><td>LNG燃料
・2050年時点で、国際海運で消費されるエネルギー約30%がLNGで賄われると想定。</td></tr>
<tr><td>カーボンリサイクルメタン・バイオメタン
・2050年時点で、国際海運の消費エネルギーの約40%がカーボンリサイクル／バイオメタンで賄われると想定。</td><td>カーボンリサイクルメタン・バイオメタン
・2050年時点で、国際海運の消費エネルギーの約７%がカーボンリサイクル／バイオメタンで賄われると想定。</td></tr>
<tr><td>水素・アンモニア
・2050年時点で、国際海運の消費エネルギーの約10%が水素又はアンモニアで賄われると想定。</td><td>水素・アンモニア
・2050年時点で、国際海運の消費エネルギーの約45%が水素又はアンモニアで賄われると想定。</td></tr>
<tr><td>船上CO_2回収
・2050年時点でLNG燃料を使用する船舶の約20%が導入することを想定。</td><td>船上CO_2回収
・2050年時点で、国際海運全体の約５%が導入すると想定。</td></tr>
<tr><td colspan="2">風力推進・バッテリー
・風力推進、バッテリーともに、2050年時点で、国際海運全体の約2%が導入すると想定。</td></tr>
</table>

出典：国土交通省、国際海運のゼロエミッションに向けたロードマップ、2020年３月

国土交通省が取りまとめたロードマップでは、温室効果ガス削減戦略の2050年目標を達成するため、2028年までに対2008年比で90%程度以上の効率改善を達成する実船の投入が期待できる代替燃料・技術のオプションとして、水素燃料、アンモニア燃料、カーボンリサイクルメタン燃料および船上 CO_2 回収を明文化しています。それを達成し得る代替燃料・技術の活用シナリオとして、「LNG→カーボンリサイクルメタン移行シナリオ」および「水素・アンモニア燃料拡大シナリオ」を示し、これら２つのシナリオを実現

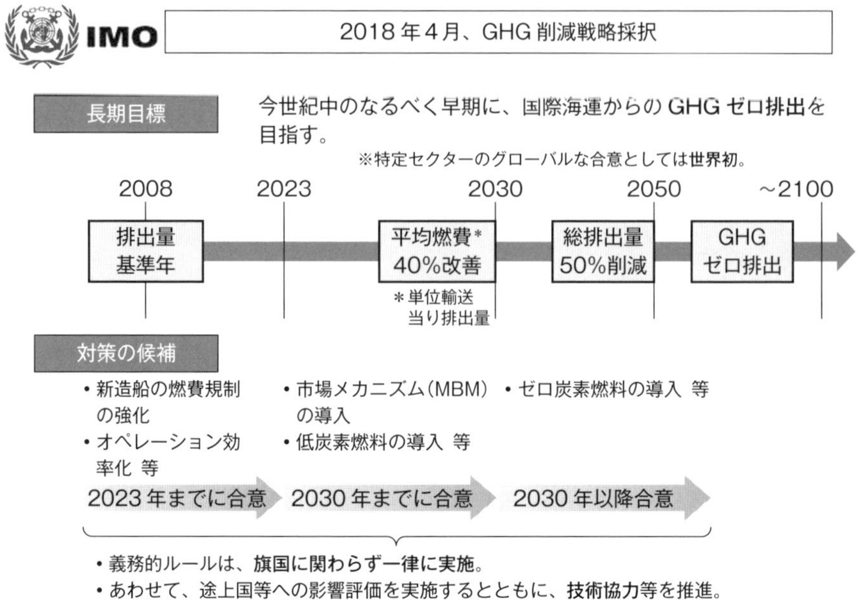

図9　IMO・GHG削減戦略の概要

出典：国土交通省、国際海運のゼロエミッションに向けたロードマップ、2020年3月

させるために、産学官公が取り組む必要があると考えられる各種の取り組み・対策の内容および時期を示しています。

一方で、IEAは2020年に発行した「Energy Technology Perspectives 2020（ETP2020）」の中で舶用燃料の予測を行っています。IMOの2050年までに50%削減を踏まえると、2050年での燃料構成比のうち石油由来の燃料の比率は半分まで減り、バイオ燃料とアンモニア燃料が概ね1/4ずつを占める見通しを立てています。さらに2050年以降はアンモニア燃料の比率が高まり、2070年には半分以上をアンモニア燃料が占めると試算しています（**図10**）。

これは燃料の消費量の比率であることから船舶のストック数の比率を表しています。すなわち、2050年にはアンモニア燃料船が外航船の1/4を占めていることになります。バイオ燃料の場合は従来の石油由来燃料と大きな違いはないため、既存の船舶を改良する程度の回収で済むものと思われますが、

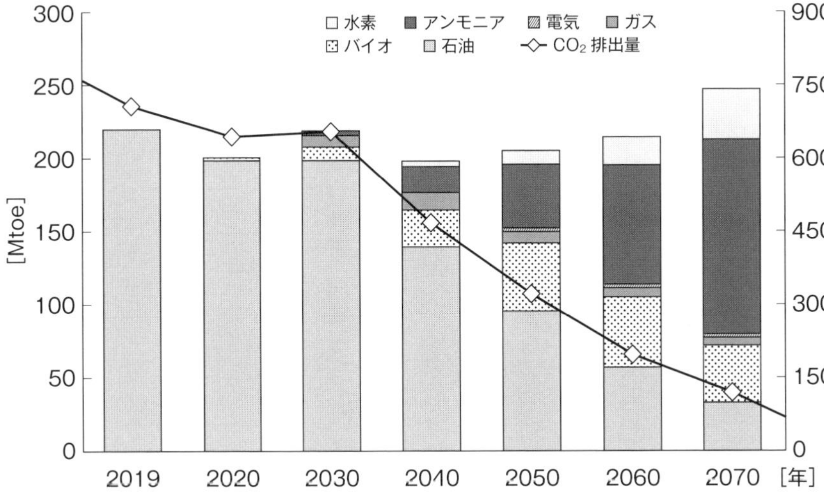

図 10　国際海運におけるエネルギー消費量と CO_2 排出見通し
出典：IEA ETP2020 をもとに著者作成

アンモニアの場合はエンジン（ICE）が異なるため、新造船が多くを占めることになります。北欧の DNV は、独自の見通しで 2040 年以降、新造船のほぼ 90％以上はアンモニア船であると予測しています。これらを踏まえると世界的に外航船は 2040 年以降、アンモニアが主力燃料となる可能性が高いと考えられます（**図 11**）。

現在、アンモニアは天然ガスからハーバー・ボッシュ法（触媒を使って直接アンモニアを合成）により製造しており、合成の途中段階で CO_2 を排出しています。2030 年までにグリーンアンモニアの技術確立、2040 年には安定供給が必要となります。これからの外航船の燃料は大きな変化を迎えます。

アンモニアの最も大きな課題は、急性毒性を有するため取り扱いに細心の注意が必要なことです。アンモニアは漏洩した場合の除害装置として「水」を散布する設備を必要とします。外航船の場合、大洋の海洋上を航行するため、水に困ることはありません。しかし、沿岸を航行する内航船の場合、アンモニアは船舶が小型化することで十分な管理体制に要員を割くことが難しいと思われます。国内では約 7,000 隻の内航船が航行しています。その多くはフ

全長	233.00m
船長	225.5m
全幅	32.26m
深さ	20.10m
喫水	
計画喫水	12.20m
夏季満載喫水	14.45m
載貨重量	81,000ton
アンモニアタンク	1,550m^3
計画速力	14.2knots
主機	1台
最大出力	9,660kW
常用出力	7,052kW
発電機	3台
	600kW

80,000DWT級バルクキャリアの主要目（アンモニア燃料船）

図11　アンモニア燃料船イメージ

出典：国土交通省、国際海運のゼロエミッションに向けたロードマップ、2020年3月

ェリーといった貨客船と小型の貨物船だからです。

IEAのETP2020では、バッテリーを動力源とする純粋な電動船舶はエネルギー密度が低いため航続距離に制限があり、頻繁な再充電が必要なため長時間の航海には実用的ではないとしています。ただし、コストが下がると仮定すると、最大200kmの距離（フェリールートなど）で、他の非化石燃料オプションと競合する可能性があることも示唆しています。

荷主の取り組み

内航船の多くが貨物の需要です。貨物の輸送では、荷主に対してエネルギー消費効率を高めることが法律で義務づけられています。

省エネ法では、工場·事業場、建築物、機械器具それぞれの分野に加えて、輸送についてもエネルギーの使用の合理化に関わる措置を定めています。このうち貨物分野においては、貨物輸送事業者に発注する立場、すなわち直接エネルギーを使用する主体でない荷主に対しても、省エネルギー計画の策定、エネルギー使用量等の報告などの取り組みを求めることとしています（**図**

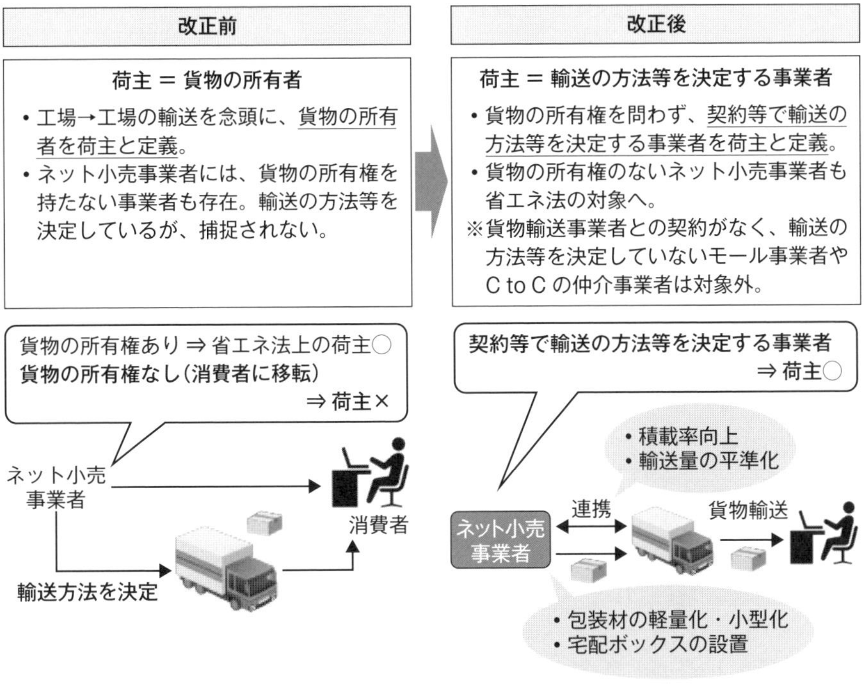

図 12　省エネ法での荷主の定義

出典：経済産業省、第 4 回総合資源エネルギー調査会省エネルギー・新エネルギー分科会省エネルギー小委員会荷主判断基準ワーキンググループ、資料、2021 年 10 月

12）。

これは、モーダルシフトによる鉄道や船舶の利用、共同輸配送などの取り組みが、荷主による主体的な関与があって初めて可能となるものであり、貨物輸送事業者と荷主との連携を促すことが省エネルギー対策を推進するうえで有効と判断し、荷主に対しても省エネルギーの取り組みを求めることとしたからです。

物流体系全体のグリーン化を促進するためには、荷主や物流事業者の連携を強化し、地球温暖化対策、生産性の向上などの持続可能な物流体系の構築に関わる取り組みを拡大することが重要です。

モーダルシフトやトラック輸送の効率化などの、荷主や物流事業者など関係者におけるグリーン物流の重要性についての認識の共有を促すために企業や団体を会員として2004年に発足した「グリーン物流パートナーシップ会議」が発足しています。

荷主や物流事業者の連携を円滑化するために両者が共通に活用できる物流CO_2排出量算定のための統一的手法「ロジスティクス分野におけるCO_2排出量算定方法共同ガイドライン（Ver.3.1）」（経済産業省、国土交通省）を策定し、取り組みごとの効果を客観的に評価することとしています。

また、物流の拠点である港湾のカーボンニュートラル化も必要な取り組みです。国土交通省では、港湾で水素・燃料アンモニア等の大量かつ安定輸入と貯蔵などを目的として受け入れる施設の整備や、港湾で利用されるエネルギーの脱炭素化、臨海部の工場など産業と連携を図るカーボンニュートラルポート（CNP）を推進しています。2021年12月にCNP形成計画を策定するためのマニュアルが公表されています。停泊中船舶に陸上電力を供給する設備（陸電供給）の整備のほか、洋上風力発電の導入促進なども含まれています。

鉄道車両と駅舎での対策

鉄道は、他の交通機関と比較してエネルギー効率に優れており、大量輸送などの鉄道の特性が発揮される輸送について、鉄道へのシフトが進めば交通分野全体の環境負荷の軽減に資するとされています。輸送量当たりのCO_2排出量は、旅客で自家用乗用車の1/8、貨物で営業用貨物車の1/13であり、国土交通省としては鉄道輸送によって運輸部門のCO_2排出量が22%（4,500万t = 1,500万世帯分）の削減が現状で行われていると試算しています（**図13**）。

そのため鉄道の利用促進に向けた利用者の利便性向上などや、貨物鉄道輸送へのモーダルシフトの推進に向けた取り組みが進められています。

鉄道は国民の日常生活や経済活動にとって重要な交通機関であり、他の交通手段に比べて環境負荷が小さいという特徴から、環境省が提唱する温暖化対策の一環である地域循環共生圏の構築を図る観点で、鉄道事業者がエネルギーを効率的に使用するための先進的な省エネ設備・機器の導入を国土交通

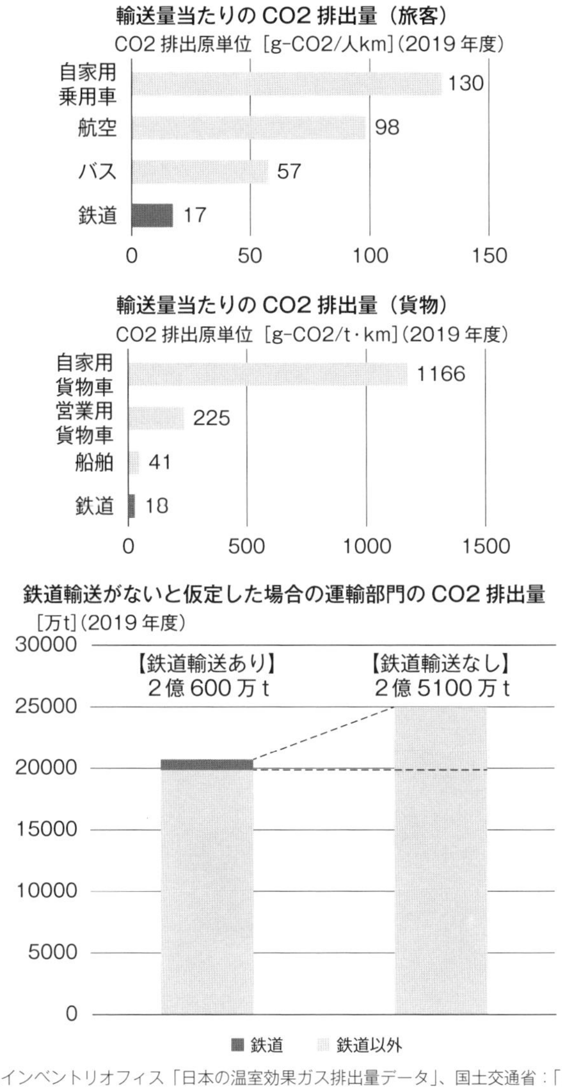

※温室効果ガスインベントリオフィス「日本の温室効果ガス排出量データ」、国土交通省：「自動車輸送統計」、「航空輸送統計」、「鉄道輸送統計」、「内航船舶輸送統計」より、国土交通省作成

図 13　鉄道の環境評価

出典：国土交通省、第 1 回鉄道分野のカーボンニュートラル加速化検討会、2022 年 3 月 4 日

省と環境省が支援しています。

2005 年度に創設された「エコレールマーク」は、環境負荷の少ない鉄道貨物輸送に積極的に取り組んでいる企業や商品を認定するマークで、認定企業

や認定商品を応援することにより、メーカーなどの荷主企業や消費者における環境負荷低減の取り組みに対する意識の向上と相まって鉄道貨物輸送へのモーダルシフトの推進が図られることを目指しています。2023年2月25日時点で、エコレールマーク認定商品は167件188品目、取組認定企業数は98社、協賛企業が46社となっています。

鉄道事業者団体である日本民営鉄道協会では、日本経済団体連合会が将来におけるカーボンニュートラル社会の実現に向け、策定した「カーボンニュートラル行動計画」に参加し、主に次のような取り組みが行われています。

目標：2030年度における電力使用原単位について2010年度比5.7％以上削減

主な取り組み内容：

- 消費電力が少ないVVVF（可変電圧可変周波数）制御車両や電力を効率的に使用できる回生ブレーキ車両など省エネルギー車両の導入
- ブレーキ時に発生させた電力を架線に戻し、他の電車で再利用できる電

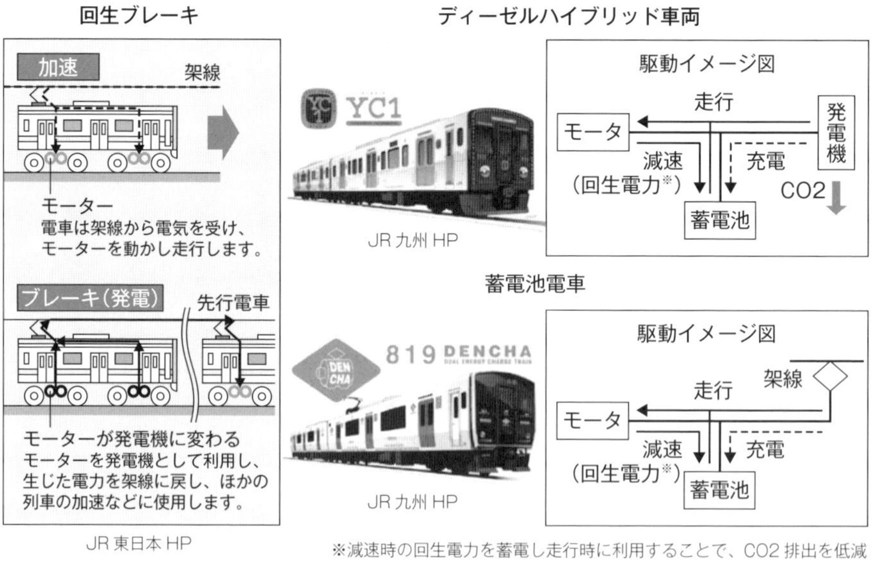

図14　鉄道車両の省エネ・省 CO_2 化対策例

出典：国土交通省、第1回鉄道分野のカーボンニュートラル加速化検討会、2022年3月4日

力回生ブレーキ車両の導入

- 駅の屋根に太陽光発電パネルや風力発電装置を設置し、太陽光や風力で発電した電力を駅で使用

鉄道のさらなる環境負荷の低減を図るため、蓄電池車両やハイブリッド車両などのエネルギー効率の良い車両の導入や鉄道施設への省エネ設備の導入などの促進も検討されています（**図14**）。また、水素を燃料とする燃料電池鉄道車両の開発が進められているとともに、その社会実装に向け、営業路線での実証試験等を踏まえた関連基準の見直しや、公共交通結節点である駅周辺における、鉄道のみならず乗用車・バス・トラック等も利用可能な総合水素ステーションの設置など、必要な環境整備について検討が行われています。

公共交通機関の利用促進と技術開発

鉄道やバスなどの公共交通機関は自動車より環境負荷が少ないため、自動車を利用していた旅客を公共交通機関へシフトをさせることも効果的な取り組みです。そのためには鉄道新線や新交通システム等の整備、鉄道・バスの利便性向上など利用者にとって公共交通機関を利用したくなるような魅力的な施策も必要です。

しかしながら、現在、多くの地域で人口減少の本格化に伴い、バスをはじめとする公共交通サービスの需要の縮小や経営の悪化、運転者不足の深刻化など厳しい状況に直面しています。他方、高齢者の運転免許の返納が年々増加し、受け皿としての移動手段を確保することが、ますます重要な課題になっています。

こうした状況を踏まえ、2020年11月に「地域公共交通活性化再生法」を一部改正し、地域における移動ニーズに対し、きめ細やかに対応できる立場にある市町村などが中心となって、地域公共交通のマスタープラン（地域公共交通計画）を策定し、既存の公共交通サービスの改善を図るとともに、過疎地などにおいては、自家用有償旅客運送、スクールバス、福祉輸送等の地域の輸送手段を促進するための制度拡充が図られています。

また、利用者サイド、交通事業者サイド双方の取り組みをマッチングさせた実効性の高い取り組みを促進するため、交通事業者、経済界、行政などによる「公共交通利用推進等マネジメント協議会」も2005年3月に発足しています。2007年には、通勤時における交通手段を自家用乗用車から公共交通機関や自転車、徒歩などへの転換を促進する「モビリティ・マネジメントによる「エコ通勤」促進行動計画」、2009年からはエコ通勤の普及促進を図ることを目的として、エコ通勤を自主的かつ積極的に推進している事業所を認証する「エコ通勤優良事業所認証制度」も開始されています。

自動車への依存を抑制し、公共交通機関の利用促進を進めるなどの施策にはそれぞれの地域の状況に応じた対策を、地域が主体となり関係者が協力して進めていくことも不可欠で、「環境的に持続可能な交通（EST：Environmentally Sustainable Transport）」の実現を目指す先導的な地域を選定し、公共交通機関の利用促進や交通流の円滑化対策、低公害車の導入促進、普及啓発などの分野における支援策を関係省庁が連携して講じる「ESTモデル事業」も進められてきました。ESTモデル事業地域には2004～2006年度の3年間に合わせて27地域が選定され、それぞれの地域で3か年のモデル事業が行われました。現在は、これまでの取り組み成果の情報提供が行われており、その一環として、モデル事業の成果を取りまとめた「ESTデータベース」が国土交通省ホームページで公開されています。

経済産業省も2021年より実施している「グリーンイノベーション基金事業」の取り組みの中で、2022年に「スマートモビリティ社会の構築」として研究開発・社会実装計画の公募を行いました。

商用利用の自動車は乗用車と比べて電動車の普及が遅れており、その理由として、商用利用のEV・FCVの導入は、特にイニシャルコスト（車両価格）が高いこと、ランニングコストについても契約電力（kW）の増加に伴う基本料金の上昇や水素価格の高さなどの観点で課題があること、航続距離の短さや積載効率の低下や充電時間の長さといった車両自体の課題を挙げています。市場やインフラ面でも、商用利用に適した車両が販売されていないことや、商用利用されるEV・FCVを支える充電・充てんインフラの整備が進んでいないことが課題です。

また、運行の合間の限られた時間帯に充電･充てんを行うこととなるため、充電スタンド・水素ステーションの稼働率の低下や特定の時間での混雑の集中や、エネルギー供給側のインフラなどへの負荷が増えるおそれもあり、事業者における負担になるのみならず、社会全体の非効率化を招くことも懸念されています。

グリーンイノベーション基金事業では、このような課題に対して「次世代蓄電池・次世代モーターの開発」、「電動車等省エネ化のための車載コンピューティング・シミュレーション技術の開発」を掲げています。前者は、商用

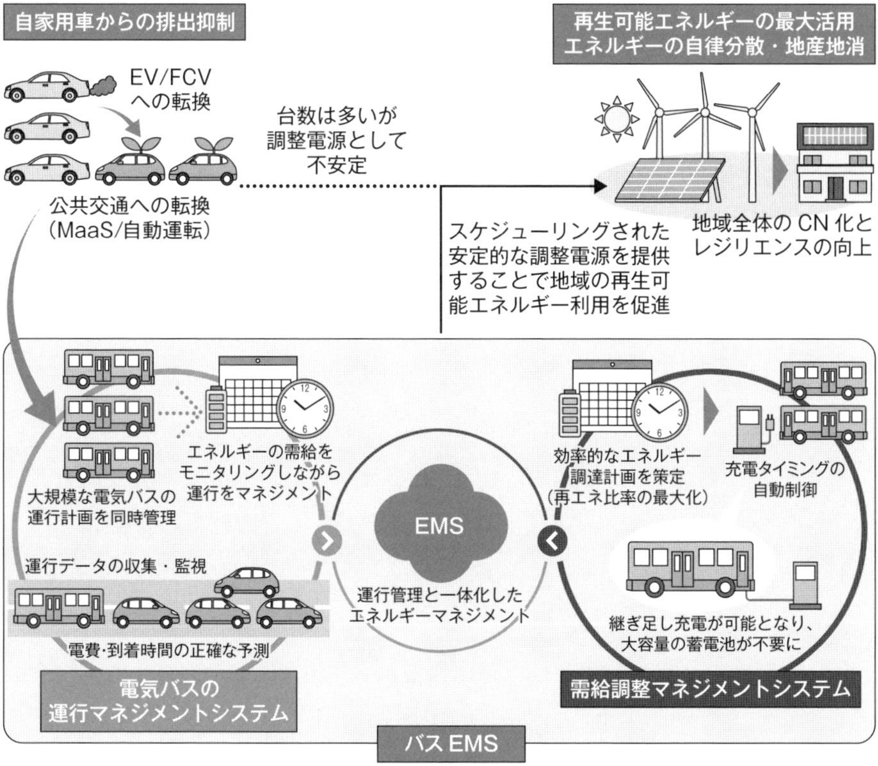

図15　グリーンイノベーション基金事業の「スマートモビリティ社会の構築」採択案件
出典：(株)みちのりホールディングス、プレスリリース、2022年7月19日

利用の電気自動車の航続距離の増加やエネルギー利用効率の向上が見込まれるほか、商用利用で求められるパワートレインシステムの性能に関する検討が進むこと、そして後者は、分散型エッジコンピューティングと自動運転技術を踏まえて運行管理・エネルギーマネジメントシステムが社会実装されることを目指しています。これにより人手不足の地方の公共交通、特にバス事業のイノベーションを実現することが期待されています。

このスマートモビリティ社会の構築のグリーンイノベーション基金事業には、福島交通・会津バスなど地方公共交通をグループ会社にもつ、みちのりホールディングスによるアライアンス（東京電力ホールディングス、ABBほか）のプロジェクトが採択されています（**図15**）。地域のバス事業の経営上、事業収支のリスクの１つである価格変動の激しい化石燃料から地域の再エネ発電の電気にシフトすることでエネルギーの地産地消型のバス事業を標榜しています。充電インフラやエネルギーマネジメントの開発に加え、導入する車両も電動のバスを自動車メーカーとも協業して開発していくこととしており、2025年までに実証を行い、2030年には本格導入を目指し、そのナレッジは国内の公共交通へ展開することとしています。

新たな乗り物

最後に空飛ぶ車、物流ドローンとして活躍が期待されている未来の乗り物を紹介します。SkyDriveは、電動化、完全自律の自動操縦、垂直離着陸ができるクルマを開発・製造しています。この分野で先行しているのはアメリカとドイツで、中国でも実用化に向けた開発競争が行われています。

日本でも2025年の大阪万博を機にドローンタクシーが検討されています。大阪の大宝タクシーは2022年５月に「空飛ぶタクシー」事業への参入に向け、「そらとぶタクシー」を設立し、万博開催に合わせて2025年の導入・営業開始を目指すとしています。

これまでの国やメーカー主導の車両開発に加え、公共交通事業者が自ら実証事業に取り組むことで、利用者にとって魅力的なモーダルシフトへの加速が期待されます。

［参考文献］

・国土交通省、運輸部門における二酸化炭素排出量、令和４年７月５日
https://www.mlit.go.jp/sogoseisaku/environment/sosei_environment_tk_000007.html
・国土交通省海事局、船舶の脱炭素化、令和３年 12 月 27 日
https://www.mlit.go.jp/common/001447792.pdf
・立教大学 蓮見雄：なぜ EU は EV シフトを推進するのか、世界経済評論 IMPACT、2019 年９月 23 日
http://www.world-economic-review.jp/impact/article1488.html
・宇宙航空研究開発機構 航空技術部門、特集「電動航空機」、第１回「航空機を電動化する」～航空機のエンジンを電動化するさまざまな方式～
https://www.aero.jaxa.jp/spsite/eclair-sp/electric_aircraft.html
・国土交通省、航空機運航分野における CO2 削減に関する検討会
https://www.mlit.go.jp/koku/koku_tk8_000004.html
・経済産業省製造産業局、次世代航空機に向けた研究開発・社会実装の方向性、2021 年７月８日
https://www.meti.go.jp/shingikai/sankoshin/green_innovation/industrial_restructuring/pdf/002_06_00.pdf
・『空飛ぶクルマ』を開発する SkyDrive（スカイドライブ）世界初披露の機体「有人機 SD-03」で、公開飛行試験を成功、2020 年８月 28 日
https://skydrive2020.com/archives/3506

3のまとめ

ビジネス

ゲームチェンジにどう立ち向かうのか

運輸業界の脱炭素化、特に自動車については悩みがつきません。国内からはネガティブな意見が多く聞こえてきます。例えば、「本当に脱炭素が必要なのか」、「自動車産業をつぶす気か」、「実は電気自動車もエコじゃない、色々と問題がある」、「そもそもヨーロッパの陰謀だ」という主張を展開する書籍、寄稿をよく目にします。

こうした主張が注目されるのは、日本にとって自動車産業が主力産業の1つであり、最後の砦《とりで》だからでしょう。自動車産業は裾野が広く、国内で550万人の雇用を生み出しています。他産業がグローバルでの競争力を失う中、グローバルで競争力のある唯一の産業になりつつあります。

脱炭素という名目でのEVシフトは、ビジネスにおけるゲームチェンジです。欧米中心の新たなゲームチェンジであり、日本からすると押しつけられた感が否めません。だからこそ、これまで一生懸命自動車産業を支えてきた人たちからすると、「受け入れがたい」部分が多いのでしょう。勝手なルール変更によって、これまで育て上げてきた自動車産業が衰退してしまうのではないかという強烈な危機意識。そうした背景があると思うと共感する部分もあります。日本の自動車産業にとっては向かい風だということは筆者も重々承知しています。

しかし、世界を相手に製品やサービスを販売していくということは、こういう状況にも柔軟に対応していかなくてはいけないということなのかもしれません。ルール変更、ゲームチェンジにそっぽを向いていてはグローバルでのビジネス展開は難しくなります。向かい風であることを受けとめ、少し時間がかかっても粘り強く対応していく姿勢が大切です。一時的には非常に苦しいゲーム展開になることを承知の上で自分たちの強みに磨きをかけていく。

日本の自動車産業は、これまでも排ガス規制やハイブリッド車の販売など世界に先駆けて環境対応を進めてきました。例えば、ハイブリッド車は、これまでに世界で1億tの温室効果ガスを減らした実績があります。出遅れた感のある電気自動車についても、ここにきて新製品の販売、他業界との提携など巻き返しへの布石を打ち始めています。ゲームチェンジに背を向けることなく、日本にしかできない強みを磨く。これまでもそうであったように、海外でできないチャレンジをしていくことが後々評価されていくと思います。

技術 モータリゼーションのカーボンニュートラルと地域の交通

モータリゼーションは20世紀に大きく発展してきました。移動の自由、経済の成長などの恩恵を世界中の人々にもたらす一方で、環境影響や渋滞・事故などの問題が存在したことも否めません。特に温暖化問題としては、化石燃料を直接消費する自動車の普及が1つの要因です。自動車によるCO_2排出は、日本では運輸部門の約85%を占めています。

ヨーロッパを中心に自動車の環境負荷低減対策として熱効率の高いディーゼルエンジンが近年、主流となりつつありました。しかし、このディーゼルエンジンは、ヨーロッパでの排ガス不正問題を皮切りに電動車両へのシフトが始まっています。

特に「CASE」といわれる大きな技術革新の波が自動車には訪れています。Connected（コネクテッド）、Autonomous（自動運転）、Shared（共有）、そしてElectric（電動化）がキーワードです。自動車は単なる移動手段から、移動をコアとした新しい社会システムへの変革を目指しているのではないでしょうか。

自動車のほか、化石燃料に多くを依存しているのが航空機や船舶です。電動化の流れは航空機や船舶にも期待されています。現時点で飛行中や航行中に電力を供給することは困難ですが、地上に駐機している時や停泊している時に外部から電力供給を行う方法が進んでいます。内航船では航行距離が短いため、電動船舶も実用化が始まっています。

航空機材などによる脱炭素化に向けては電動化や軽量化、水素航空機などの機材・装備品の技術開発も必要です。それでも最も効果の高い取り組みは、持続可能な航空燃料(SAF)の導入促進です。機材の開発やオペレーションの高度化で燃料の消費を削減し、そのうえで燃料そのものを非化石燃料由来の燃料に置き換えるということです。

車両や機材の開発のほか、公共交通などの社会システムの開発も必要です。運行管理・エネルギーマネジメントシステムの実装と公共交通の電動化では地域の再生可能エネルギーの利用が期待されます。これは人手不足の地方の公共交通、特にバス事業のイノベーションになりそうです。

4

発電、水素・アンモニア

日本のエネルギー供給

電気事業やガス事業が日本で始まったのは、明治時代初期のことです。化石燃料に関しては、明治時代以前から新潟で石油、九州では石炭の採掘が行われていました。石炭は九州三池地方において、1400年代に焚木を取りに行った住民が、枯葉を集めて火をつけたところ黒い岩が燃え出し、「燃える石」が発見されたと伝えられているそうです。

本格的な産業として近代化が図られたのは、ご承知の通り、産業革命以降になります。産業革命によってもたらされたことは産業の近代化だけではなく、その技術を用いてつくられた戦艦や戦車など軍事力の急速な発展でした。当時はまだ日本は江戸時代でしたが、西欧の圧倒的な軍事力を目の当たりにした薩長《さっちょう》連合が戊辰《ぼしん》戦争を起こして倒幕に至り、さらに当時の日本政府の高官は西欧の列強諸国の植民地に転落することを危惧し、廃藩置県を行い地方分権から国家統一という歴史を辿っています。

明治時代初期に電気事業やガス事業などエネルギー分野が時を同じくして一気に事業化したのは、このように西欧諸国からの支配に対抗するために、西欧の先進技術の導入を急いだ結果であり、日本の近代エネルギー産業は、日本が独立国家となるために不可欠な産業でした。

もちろん、エネルギーは国家の維持のためだけではなく、普段の生活の質の向上に資することから、石炭の用途は主に船舶や鉄道など「輸送の動力」とし、一方のガス・電気・石油の初期の用途は、街路灯やランプなどいずれも「灯り」を目的として使われ始め、全国に普及していったのです。

1872年、横浜の馬車道にガス灯が十数基点灯しました。これが日本のガス事業の始まりです。日本初の近代的照明となったガス灯は、文明開化の象徴として点灯初日には多くの見物人が訪れたそうです。

街灯から利用が広まったガス事業は、1900年代に入ると熱エネルギー利用に需要が移行していきます。ガス会社はガスの利用促進のためにガス器具を海外から輸入し、さらには自らがメーカーとなり、ガスコンロ、ガス炊飯器、ガス暖房、ガス給湯器などの国産化を図っていきます。1910年代には大都市圏を中心にガスの普及が進みました(**写真1**)。

1890年頃にはガスエンジンも輸入され、ガスは工場の動力としても使われるようになります。取り扱いが簡単なため、中小企業などでも急速に普及したそうです。

こうしたガスの利用拡大は、現代へと続くガス産業の礎が築かれることにもつながり、1910年代半ばには、ガス事業者は90社以上設立されています。

一方で、電気は1882年に銀座2丁目で日本初の電気の街灯（アーク灯）の点灯が行われました。その明るさに卒倒する見物人も出たといわれています。日本初の電力会社、東京電燈(東京電力の前身)の会社設立と電灯の宣伝を目的に行われたものです。その5年後の1887年に日本で最初の石炭火力発電所が東京の茅場町に建設されました。日本初のアーク灯からわずか20年間

写真1　1910年頃の東京の街並み

出典：経済産業省資源エネルギー庁、日本のエネルギー、150年の歴史②、国の屋台骨として、エネルギー産業は国家の管理下に

で50社以上の電力会社が日本各地に設立されています。1891年には日本初の水力発電所、蹴上発電所（京都市左京区）が運転を開始しています。1907年に山梨県の水力発電所である駒橋発電所から東京の早稲田の変電所まで76kmの長距離送電を行うことが本格的な電気事業の始まりといわれています。当時でも約6万Vの特別高圧での送電が行われ、現在の送配電網と遜色のない技術が導入されていました。ガス会社がガスメーカーを目指したのに対し、電力会社は電力供給に軸足をおき、発電所や送配電設備に対して投資を行っていきます。

石油産業も石油ランプからスタートします。しかし、ガス灯、電灯の普及によって、1910年頃から灯りを目的とした灯油需要は大きく減少します。代わって船舶用燃料の軽油、自動車のガソリン、軍艦の重油の需要が増加していきます。石油は灯りから交通用の燃料としての位置づけに変わっていきます。

国内の油田開発は、1910年代の秋田・黒川油田で生産量のピークを迎えます。しかし、第一次世界大戦により油田開発に必要な設備の輸入が途絶えたことから油田の開発が滞り、1920年代には輸入原油の精製事業が本格的に始まりました。

太平洋戦争開戦直前の日本は、石油の9割以上を輸入に依存する状況となっていました。1941年、アメリカ、イギリス、オランダは対日石油輸出を全面禁止にし、日本はこれを契機に同年末に南方の石油資源獲得に向け、太平洋戦争に踏み込むことになります。

日本の近代化も過去の戦争もエネルギーが根幹にあることから、平和を維持することはエネルギーの安定的な供給があってこそ成り立っているものといえます。エネルギーの自由化による低廉なエネルギー供給も必要な一方で、2022年2月に始まったロシアのウクライナ侵攻によるロシア産のエネルギーの供給途絶が引き起こす世界経済へのインパクトの大きさが何よりの証拠です。そのため、エネルギーの低廉化を図るうえでも市場原理導入による競争もさることながら、安定供給できるように資源・エネルギーの確保や国産化、必要に応じて備蓄するなどエネルギー安全保障が極めて重要であることを再認識したところです。

エネルギー基本計画―省エネ法の改定とエネルギー政策基本法の制定

エネルギーは国民生活や経済活動の基盤をなすものです。日本で高度経済成長が始まった1950年代に石油の導入が進み、さらには1960年代から原子力の開発・導入も進んできました。太平洋戦争以降、安定したエネルギー供給に支えられ、経済成長により国民生活は大変豊かなものとなりました。しかし、経済成長に伴いエネルギーの消費も著しく増加しています。

同時に、エネルギー価格の変動・高騰やエネルギー供給の途絶が、国民生活や経済活動に大きな影響を及ぼすことはロシアのウクライナ侵攻で現実に起きていることです。このことは、今回に始まったことではなく、1970年代の２度に及ぶ石油危機において強く認識されていました。エネルギーの依存が石油一辺倒であったことが問題であり、その後、エネルギー需給安定のため、石油代替エネルギー対策や省エネルギー対策が進められました。その結果、日本の石油依存度は大幅に低下しました。

何気なく使う「省エネルギー」という言葉は、エネルギーの無駄を省く、合理的に使うことを意味しますが、政策的にはこの「石油」の消費を抑制するかを意味するところが発端となっています。大規模工場で定期的にエネルギー消費量やエネルギー削減対策を国に報告義務を課している「エネルギーの使用の合理化等に関する法律(省エネ法)」という法律があります(**図１**)。

省エネ法に基づき大規模な需要家が国への報告に使うエネルギー消費量の単位は電力のkWhでもガスのNm^3でもなく、原油に換算したkℓが用いられています。何よりも石油の消費を削減することが急務だったのです。再生可能エネルギーがまだ普及していなかった当時は、「エネルギー消費削減」=「石油の消費削減」とほぼ同義でしたが、昨今では電力に占める再生可能エネルギー比率が高まっており、石油の消費削減での評価を続けていることが、むしろ再生可能エネルギー普及の阻害要因になるおそれも出てきました。電

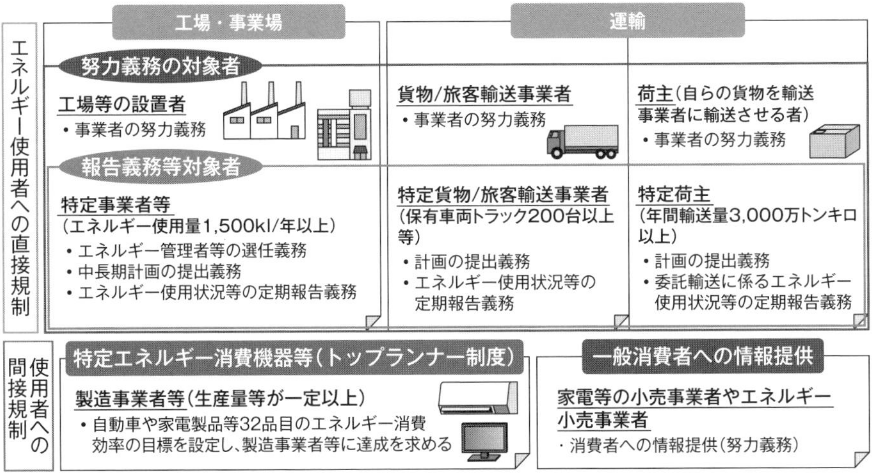

図1　2022年時点でのエネルギーの使用の合理化等に関する法律（省エネ法）の概要

出典：経済産業省資源エネルギー庁、第36回総合資源エネルギー調査会省エネルギー・新エネルギー分科会省エネルギー小委員会、事務局資料、今後の省エネ法について、2021年12月24日

力量を削減した場合、再生可能エネルギーであろうと原子力であろうと一律、火力発電所で削減した石油の消費量の評価となるからです。仮にすべて再生可能エネルギー起源の電力でまかなっている事業所が事業を拡大して、さらに再生可能エネルギーによる電力を増やした場合、再生可能エネルギーの電力が増えたとはみなされず、火力発電所の電力を増やしたとして国に報告することになります。技術開発の進展によって環境が変化した場合、政策もそれに応じて改定していかないと、このように再生可能エネルギーの普及にブレーキをかけるような施策が残存してしまいます。

このような問題を解消するため、2022年春に省エネ法が大幅に改定されました（**図2**）。再生可能エネルギーの導入が需要家にとって評価される仕組みが導入され、需要家側から供給者に対して一層の再生可能エネルギーによる供給を求めるような政策に変わりました。名実ともに石油削減から「省エネルギー」を促す制度になったので、運用面でもそれが適切に反映される制度設計が期待されるところです。

資源小国の日本にとっては、石油をはじめとするエネルギー資源の大部分

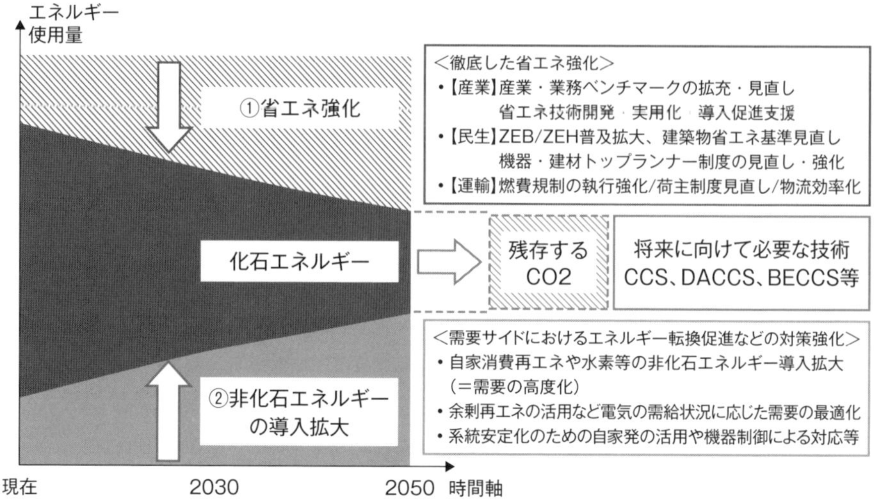

図2　需要サイドのカーボンニュートラルに向けたイメージと取り組みの方向性
出典：経済産業省資源エネルギー庁、第36回総合資源エネルギー調査会省エネルギー・新エネルギー分科会省エネルギー小委員会、事務局資料、今後の省エネ法について、2021年12月24日

を海外に依存していること、いまだにエネルギー供給の５割を石油が占め、しかも政情の不安定な中東への依存度が９割近くまで達していること、島国であるために海外からの電力の輸入を期待することが困難であることなどにより、エネルギーの安定供給の確保は依然として重要な課題として位置づけられています。

加えて、日本をはじめとする先進国では、エネルギー需要の頭打ちであるエネルギーピークアウトの傾向が高まっています。しかし、世界のエネルギー需要は今後今世紀半ばにかけて増加が見込まれ、そのために諸外国においてはエネルギーの安定供給が喫緊の課題となっています。この課題を克服するための行動が活発化してきています。世界の化石燃料供給の中東依存度が上昇することが見込まれる一方で、中東をはじめとするエネルギー供給地域の政情は、むしろ一層の不安定化の様相すら見せていることなどから、エネルギーの安定供給の確保は国際的にも新たな課題として再認識されるようになってきています。

近年、ｅコマースなど経済活動の国際化が急速に進展してきており、日本のエネルギーコストが他の先進諸国に比べて高い場合、国民生活のみならず、製造業の競争力にも影響を及ぼすことも危惧されています。また、為替レートの変動は円安になると資源・エネルギー調達における日本の購買力が低下するおそれもあり、効率的なエネルギー供給システムを確保することへの要請が強まっています。

現在でもこのような状況下にありますが、実は石油危機の時分には日本には基本的なエネルギー政策が存在していませんでしたが、2002年6月に議員立法により「エネルギー政策基本法」が制定されました。

エネルギー政策基本法では、安定供給の確保、環境への適合およびエネルギーの需給に関する施策の長期的、総合的かつ計画的な推進を図るため、「エネルギー基本計画」を国が策定・公表することとしています。

エネルギー政策基本法では、政府はエネルギー基本計画を策定するにあたり、経済産業大臣が、関係行政機関の長の意見を聴くとともに、総合資源エネルギー調査会の意見を聴いて、案を作成し、閣議決定を求めることとしています。さらに、少なくとも3年ごとに当該計画に検討を加え、必要があればこれを変更することとしています。すなわち、3年に一度改定されるのです。最初に策定されたのは2003年度で、第6次エネルギー基本計画が策定された2021年度までに5回改定されています。

また、エネルギー政策基本法では毎年、エネルギーの需給に関して講じた施策の概況に関する年次報告を公表することとしています。これは「エネルギー白書」と呼ばれています。エネルギー白書は、その年のエネルギーを巡る状況と主な対策をまとめたもので、①その年の動向を踏まえた分析、②内外のエネルギーデータ集、③施策集、という3部構成になっています。

エネルギー供給に求められる背景

エネルギーを巡る情勢の変化は日進月歩です。3年ごとに策定されるエネルギー基本計画は、気候変動問題への一層の関心の高まりに加え、新型コロナウイルス感染症の急拡大による人々の生活の変化、地政学的・地経学的な経済安全保障の変化など急速に進む情勢に応じて見直されています。エネルギー政策も、こうした国内外の動向を踏まえながら検討を進めていくことが時代的な要請となっています。

様々なエネルギー供給のうち、電力は再生可能エネルギーや原子力といった実用段階にある脱炭素電源が存在するため、これらの電源を用いて着実に脱炭素化を実現することが求められています。2050 年、カーボンニュートラルが実現した社会では、産業・業務・家庭・運輸部門における電化の進展により、電力需要が一定程度増加することが予想されています。このことはすでに「3」までに述べているところです。

この電力需要に対応するためには、すべてを同じ発電技術で対応することは困難です。現時点で実用段階にある太陽光発電・風力発電・原子力発電といった脱炭素技術に限らず、水素やアンモニア発電さらには化石燃料の火力発電所を維持していく場合は排出される CO_2 を回収し、貯蔵もしくは再利用・他用途に活用する CCUS を前提とした火力発電のイノベーションも新たな選択肢として追求していくことが必要となります。

政府は、2018 年 7 月に閣議決定された第 5 次エネルギー基本計画で再エネの「主力電源化」を掲げました。再エネ発電は 2050 年における主力電源として最優先の原則のもとで最大限の導入に取り組むこととしています。

最大限の導入を進めるにあたっては、再エネのポテンシャルの大きい地域と大規模消費地である都市部を結ぶ送配電網の系統容量の確保や、太陽光や風力の自然条件によって変動する出力への対応、さらには発電設備が何かしらの事情により停止した時の緊急時における電力系統の安定性の維持への対応に加え、平地が限られているといった日本特有の自然条件や社会制約への対応、地域との共生も進めていくことが必要です。

また、そのような社会背景の中で発電を行うため、自ずと発電コストが国際水準と比較して高い状況にならざるを得ない中で、コスト低減を図り、国民の負担も最大限抑制することが求められています。

第 5 次エネルギー基本計画から 3 年を経て 2021 年 10 月に閣議決定した第

6次エネルギー基本計画（**表1**）では、2050年カーボンニュートラル（2020年10月表明）、2030年度の46％削減、さらに50％の高みを目指して挑戦を続ける新たな削減目標（2021年4月表明）の実現に向けたエネルギー政策の道筋を示すことを重要テーマと掲げています。

こうした課題に対応するため、送電網に関するマスタープランの策定、蓄電システムなどの多様な分散型エネルギーリソースの導入拡大および水素製造の活用などによる脱炭素化された調整力の確保や電力系統の混雑状況の緩和への対応促進など、多様な技術を組み合わせることで電力システムの柔軟性の向上を図る必要があります。また、発電設備を設置する立地の制約の克服やコスト低減に不可欠な次世代型太陽電池、浮体式洋上風力発電といった革新技術の開発も期待されています。

一方で燃料においては、カーボンニュートラル社会の実現のカギとなる水素やアンモニア、CCSといった脱炭素燃料・技術の導入・拡大が不可欠です。これまで石油・天然ガスの資源外交で培われた資源国との関係を活かしつつ、アジアなどの消費国とのネットワークの間を取りもつ日本が果たす役割は決して小さくなく、将来を見据えて、今から積極的に取り組みを開始していく

表1　第6次エネルギー基本計画（2021年10月22日閣議決定）に記載された2030年度での需給見通し

		（2019年度 ⇒ 旧ミックス）		2030年度ミックス（野心的な見通し）	
省エネ		（1,655万kl ⇒ 5,030万kl）		**6,200万kl**	
最終エネルギー消費（省エネ前）		（35,000万kl ⇒ 37,700万kl）		35,000万kl	
電源構成	**再エネ**	（18% ⇒ 22～24%）	太陽光 6.7% ⇒ 7.0% 風力 0.7% ⇒ 1.7% 地熱 0.3% ⇒ 1.0～1.1% 水力 7.8% ⇒ 8.8～9.2% バイオマス 2.6% ⇒ 3.7～4.6%	**36～38%**※ ※現在取り組んでいる再生可能エネルギーの研究開発の成果の活用・実装が進んだ場合には、38%以上の高みを目指す。	
発電電力量：10,650億kWh ⇒ 約9,340億kWh程度	**水素・アンモニア**	（0% ⇒ 0%）		**1%**	（再エネの内訳）
	原子力	（6% ⇒ 20～22%）		**20～22%**	太陽光 14～16%
	LNG	（37% ⇒ 27%）		**20%**	風力 5%
	石炭	（32% ⇒ 26%）		**19%**	地熱 1%
	石油等	（7% ⇒ 3%）		**2%**	水力 11% バイオマス 5%
（＋非エネルギー起源ガス・吸収源）					
温室効果ガス削減割合		（14% ⇒ 26%）		**46%** 更に50%の高みを目指す	

出典：エネルギー基本計画、令和3年10月

発想が重要となるでしょう。

また、日本の石油・天然ガス開発企業には、それら脱炭素燃料・技術の供給などにおいても、引き続きメインプレイヤーとなることが国内で消費する燃料の確保の点でも期待されます。

こうした状況を踏まえ、カーボンニュートラル時代を見据えつつもトランジション期間中は足下で必要な石油・天然ガスなど化石・燃料と蓄電池や車両のEV化・水素製造のためにレアメタル等の金属鉱物などの資源のさらなる安定的な確保を脱炭素燃料・技術の導入・拡大と一体的に捉えて、資源・エネルギーの安定供給に万全を期することが必要です。これらはカーボンニュートラルへの円滑な移行を実現するための包括的な政策といえるでしょう。

燃料分野での対応は、

① 燃焼しても大気中の CO_2 を増加させないバイオ燃料、水素、アンモニア、合成燃料、合成メタンといった脱炭素燃料

② 化石燃料を利用しながらも大気中の CO_2 を増加させないCCS、カーボンリサイクル

といった脱炭素技術などに大別できます。いずれも社会実装・拡大には、イノベーションの実現が不可欠であり、2050年を見据え、2030年に向けても、その確保などのための計画的な取り組みが重要です。発電技術は、すでに CO_2 を排出しない発電方法が存在していることに対して、燃料は化石燃料にほぼ依存しているため、発電よりもカーボンニュートラルに向かう技術的なハードルは高く、イノベーションに期待をせざるを得ない状況です。もちろん、低温度の熱需要など電化可能な領域は電化を進めることで解決できますが、高温熱需要や素材、さらには航空機などの一部の輸送用燃料については電化への転換が困難な領域があるため、「燃料をつくる」という技術開発が急がれます。

具体的には、脱炭素燃料などの社会実装・拡大に向けて、政府は2021年に「2050年カーボンニュートラルに伴うグリーン成長戦略（グリーン成長戦略）」を策定しました（**図3**）。グリーン成長戦略で定めた工程表などに沿った

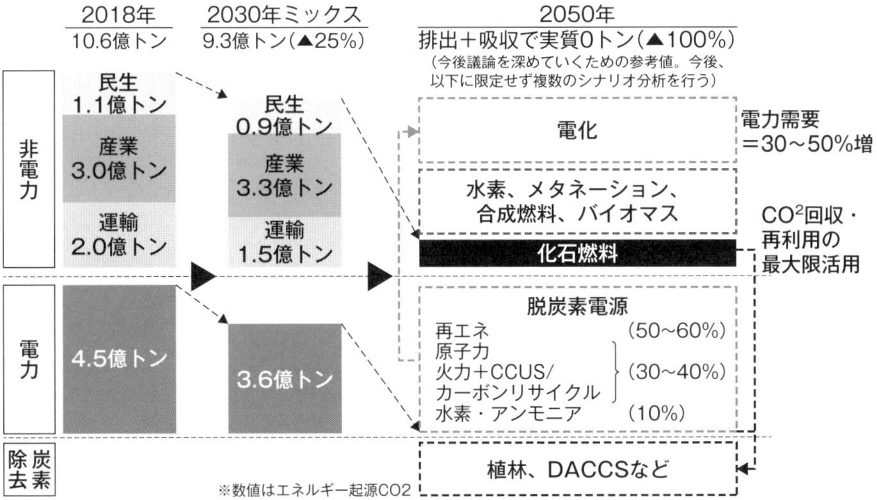

図3　グリーン成長戦略で謳う2050年カーボンニュートラルの実現イメージ

出典：経済産業省、第6回成長戦略会議、2050年カーボンニュートラルに伴うグリーン成長戦略、経済産業大臣説明資料、令和2年12月

低コスト化などの技術開発を推進するとともに、CO_2回収・排出量カウントについて考え方を整理し、国際的にルール化などを図っていくことが必要としています(**図4**)。

特に、水素やアンモニアについては、技術開発に加えて、それらを率先的に導入するファーストムーバーに対してインセンティブを付与するためにも非化石価値の顕在化などを通じ、事業者の投資予見性が確保される環境整備を図る必要があります。その際、水素・アンモニアの市場拡大を図る観点から、再生可能エネルギー由来の水素・アンモニア価格が十分に下がることを待つことなく利用拡大を進めていくという戦略的なアプローチも重要です。CCSについては、長期のロードマップを策定したうえで、国内外のCO_2貯留適地調査等を実施するとともに、事業化に向けた環境整備などを検討することとしています。

発電事業のポートフォリオ

グリーン成長戦略では2050年カーボンニュートラルに向け、電力部門の

図4　グリーン成長戦略での分野ごとの「実行計画」（課題と対応、工程表）

出典：経済産業省、第6回成長戦略会議、2050年カーボンニュートラルに伴うグリーン成長戦略、経済産業大臣説明資料、令和2年12月

脱炭素化が大前提とされています。現在の技術水準を前提とすれば、すべての電力需要をこれまでの発電技術や1つの発電方式でまかなうことが困難なことは先述の通りです。そのため、いくつもの発電技術を組み合わせることになると思われます。各国ともおかれている環境が異なることから、地勢的に適した発電方法には多様性があるべきでしょう（**図5**）。

再生可能エネルギーを最大限導入するためにはコストを低減し、地域と共生可能な適地を確保し、蓄電池なども活用して変動する出力の調整能力を拡大していく、こうした取り組みを通じて、洋上風力産業や蓄電池産業、次世代型太陽光産業、地熱産業を成長産業として育成していくこととしています。

火力については、CO_2回収を前提とした利用を、選択肢として最大限追求していくこととしています。技術を確立し、適地を開発し、併せてコストを低減していくことです。地勢的にも再生可能エネルギーに乏しいアジアを中心に火力発電は使わざるを得ない状況にあるでしょう。こうしたことを踏まえると、水素・アンモニアを燃料とした非化石燃料火力発電は選択肢とし

再エネ …最大限導入。系統整備、コスト低減、周辺環境との調和、蓄電池活用。
→ 洋上風力・蓄電池産業を成長分野に

水素発電 …選択肢として最大限追求。供給量・需要量の拡大、インフラ整備、コスト低減。
→ 水素産業を創出

火力＋CO2回収 …選択肢として最大限追求。技術確立、適地開発、コスト低減。
→ 火力は必要最小限、使わざるを得ない（特にアジア）
→ カーボンリサイクル・燃料アンモニア産業の創出

原子力 …確立した技術。安全性向上、再稼動、次世代炉。
→ 可能な限り依存度は低減しつつも、引き続き最大限活用
→ 安全性に優れた次世代炉の開発

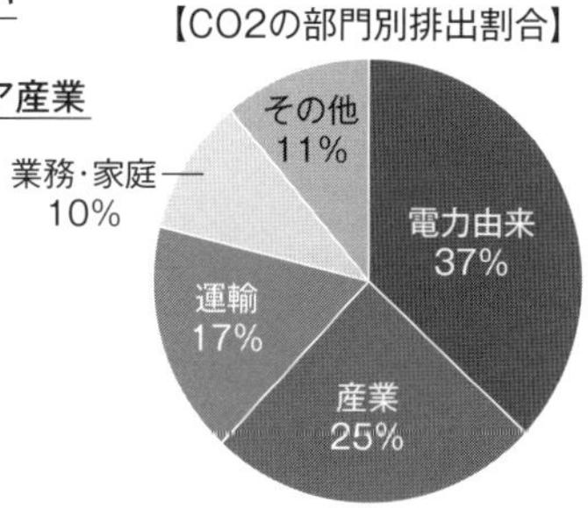

図5　グリーン成長戦略での電力分野での取り組み
出典：経済産業省、第6回成長戦略会議、2050年カーボンニュートラルに伴うグリーン成長戦略、経済産業大臣説明資料、令和2年12月

て最大限追求していく必要があります。供給量と需要量をともに拡大し、インフラを整備し、コストを低減するためには、水素産業の創出が必要です。同時に、カーボンリサイクル産業や燃料アンモニア産業を創出していく必要があります。

原子力については、可能な限り依存度を低減しつつ、原子力規制委員会により世界で最も厳しい水準の規制基準に適合すると認められた場合には、再稼働を進めるとともに、実効性のある原子力規制や原子力防災体制の構築を着実に推進することとしていました。ただし、ロシアのウクライナ侵攻後のエネルギー安全保障の観点から次世代型の原子力の開発も推進していくこととしています。

再生可能エネルギーの現状

日本国内の CO_2 排出量のうち、電力由来の間接排出は約4割を占めています。そのため電力分野における CO_2 排出量削減も喫緊の課題です。再生

可能エネルギーとは、太陽光・風力・地熱・バイオマスといった地球資源の一部など自然界に常に存在するエネルギーのことです。枯渇しない、どこにでも存在する、CO_2を排出しない（増加させない）という特徴があります。脱炭素社会の実現に向けて、世界で注目されているエネルギーです。また、現在の日本のエネルギー自給率は10%を下回っているという課題に対して、

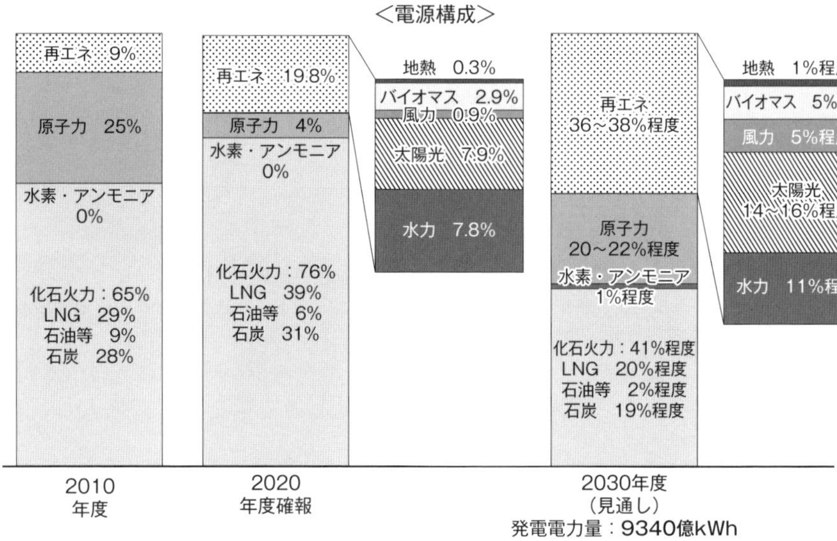

総合エネルギー統計（2020年度確報値）等を基に資源エネルギー庁作成

(GW)	導入水準（21年9月）	FIT前導入量＋FIT認定量（21年9月）	ミックス（2030年度）	ミックスに対する導入進捗率
太陽光	63.8	81.6	103.5〜117.6	約58%
風力（上段：陸上）（下段：洋上）	4.6 −	15.3 0.7	17.9 5.7	約19%
地熱	0.7	0.7	1.5	約41%
中小水力	9.8	10.0	10.4	約94%
バイオマス	5.3	10.3	8.0	約66%

※　バイオマスはバイオマス比率考慮後出力。
※　改正再エネ特措法による失効分（2021年9月時点で確認できているもの）を反映済。
※　太陽光の「ミックスに対する進捗率」はミックスで示された値の中間値に対する導入量の進捗。

図6　新たな「エネルギーミックス」実現への道のり

出典：経済産業省、第1回再生可能エネルギー発電設備の適正な導入及び管理のあり方に関する検討会説明資料、令和4年4月

再生可能エネルギーは国産のエネルギー源のため、エネルギー自給率の改善にも寄与することができます。

日本の電源構成では、2030年度には再生可能エネルギー比率を36～38%、2050年度には約50～60%へ引き上げることが検討されています。現在の比率は約20%（2020年度）なので、大幅な引き上げとなります（**図6**）。

また、日本の再エネ導入容量は世界第6位（2018年度実績）です。今後の導入ポテンシャルとしては、太陽光や洋上風力のポテンシャルが高いことがわかっています（**表2**）。

表2　我が国における再エネポテンシャル（令和元年度調査）結果まとめ

令和元年度推計結果（令和元年度再生可能エネルギーに関するゾーニング基礎情報等の整備・公開等に関する委託業務報告書）						【参考】総合エネルギー統計※4（2020年度速報）
再エネ種	区分	導入ポテンシャル※1		事業性を考慮した導入ポテンシャル※2（シナリオ1（低位）～シナリオ3（高位））		発電電力量実績
		設備容量（万kW）	発電量（億kWh／年）	設備容量（万kW）	発電量（億kWh／年）	発電量（億kWh／年）
太陽光	住宅用等※3	20,978	2,527	3,815～11,160	471～1,373	（内訳） • 原子力［388］ • 石炭［3,101］ • 天然ガス［3,906］ • 石油等［636］ • 水力［784］ • 太陽光［791］ • 風力［90］ • 地熱［30］ • バイオマス［288］
	公共系等※3	253,617	29,689	17～29,462	2～3,668	
	計	274,595	32,216	3,832～40,622	473～5,041	
陸上風力		28,456	6,859	11,829～16,259	3,509～4,539	
洋上風力		112,022	34,607	17,785～46,025	6,168～15,584	
中小水力		890	537	321～412	174～226	
地熱		1,439	1,006	900～1,137	630～796	
合計		417,402	75,225	34,667～104,455	**10,954～26,186**	**10,013**

※1　現在の技術水準で利用可能なエネルギーのうち、種々の制約要因（法規制、土地利用等）を除いたもの。中小水力のみ、既開発発電所分を控除している。
※2　送電線敷設や道路整備等に係るコストデータ及び売電による収益データを分析に加え、経済的観点から見て導入可能性が低いと認められるエリアを除いたもの。低位なシナリオ（FIT価格よりも低い売電価格）～高位なシナリオ（FIT価格程度）に分けて推計している。（シナリオ別導入可能量）
※3　住宅用等:商業施設、オフィスビル、マンション、戸建住宅等。公共系等:庁舎、学校、公民館、病院、工場、工業団地、最終処分場、河川敷、港湾、公園、農地等
※4　資源エネルギー庁　総合エネルギー統計　2020年度エネルギー需給実績（速報）

出典：環境省、地球温暖化対策課、我が国の再生可能エネルギー導入ポテンシャル、概要資料 導入編、Ver. 1.0、令和4年4月

太陽光発電

（1）太陽光発電とは―導入量や発電コストなど

太陽電池を用いて、太陽光を直接的に電力に変換する発電方式です。太陽電池（ソーラーパネル、モジュール）にある半導体に光が当たると電気が生まれる「光電効果」という仕組みを利用しています。エネルギー源が太陽のため、基本的に設置場所や地域に制限がなく、未利用地などに設置できる点がメリットです。夜間や日照不足の時間は発電することができない点がデメリットです。

世界で初めて太陽光発電が使われたのは、1958年のアメリカの人工衛星です。燃料が届かない宇宙で、電源として用いられました。世界的に普及したのは1990年代後期～2000年代初期で、最初はヨーロッパで普及しました。

日本の太陽光発電は、1990年代後半から普及し始め、2012年のFIT（固定価格買取制度）を背景に導入が本格的に進んできました。2021年9月末時点の導入量は63.8GWと、日本の太陽光発電導入量は中国、アメリカにつ

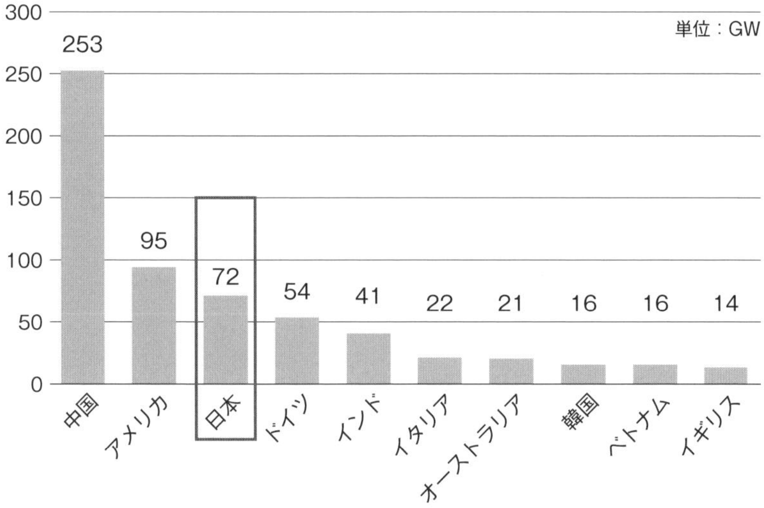

Renewables 2021（IEA）より資源エネルギー庁作成

図7　各国の太陽光導入容量（2020年実績）

出典：経済産業省、第1回再生可能エネルギー発電設備の適正な導入及び管理のあり方に関する検討会説明資料、令和4年4月

いで世界で第３位となっています(**図７**)。また、国土面積当たりの日本の太陽光導入容量は主要国の中で１位であり、ドイツの約２倍になっています。経済産業省は、2030年までに103.5～117.6GWの導入量を目指すとしています。

太陽光発電の発電コストは、事業用では2020年で12.9円/kWhでした。2030年では8.2～11.8円/kWh程度とさらに安価になると試算されています。太陽光発電は他の電源に比べて最もコストがかからないものとなり、自立した電源となることを目標としています。

(２) 太陽光発電の課題

ここまで普及が進んできた太陽光発電ですが、課題もあります。当初、メガソーラーが盛んに開発されてきましたが、現在は適地が減少、また防災や景観上の懸念から地域住民とのトラブルもあります。2021年度までに太陽光施設などを規制する条例を制定した自治体は184にのぼり、６年間で７倍に増えました。

そして、ここ数年注目されてきているのが太陽光パネルの廃棄問題です。経済産業省では、使用済みの太陽光パネルの廃棄量が2035～37年にピークを迎え、産業廃棄物の最終処分量の1.7～2.7%に相当するとの見通しを明らかにしました。2012年のFITのもとに普及が進んだ太陽光発電ですが、パネルの寿命が20～25年であることから、廃棄による排出量は2030年代に急増し、環境省では、2030年代後半には年間約50～80万tの太陽電池モジュールが排出される見通しを立てています(**図８**)。将来的に最終処分場の逼迫が懸念されています。さらに、太陽光パネルには鉛、セレン、カドミウムなど有害物質が含まれていることから適切な廃棄が求められており、発電事業者や産業廃棄物収集運搬の事業者へのガイドラインが設けられています。

(３) 今後の方向性

政府としては、太陽光拡大を積極的に進めていく意向です。現在は住宅などの屋根、公共施設、空港、工場・倉庫への設置、荒廃農地の活用による営農型太陽光発電などが進められています。

例えば、東京都は2022年12月に新築住宅での設置義務の条例を制定しま

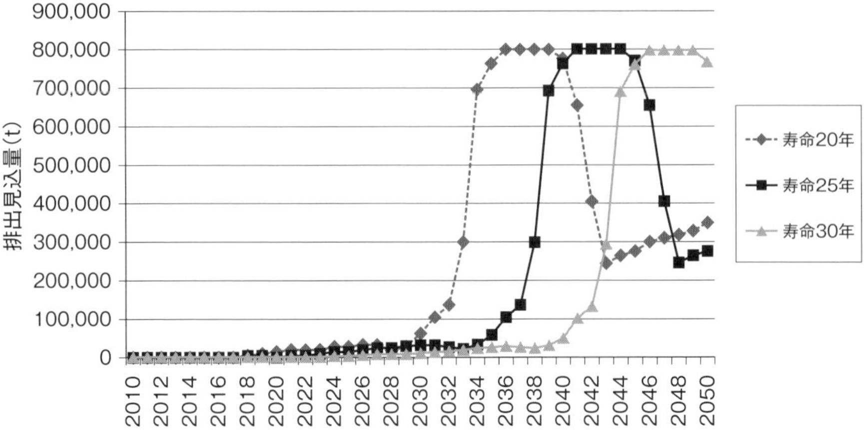

図８　太陽電池モジュール排出見込量

出典：環境省、使用済再生可能エネルギー設備のリユース・リサイクル・適正処分に関する検討会、太陽光発電設備等のリユース・リサイクル・適正処分に関する報告書

した。また、FIT を活用せず RE100（Renewable Energy 100%）にも利用可能なオンサイト PPA（電力販売契約）の導入が進んでいます。企業が工場・倉庫などへの導入がしやすいように補助金などで支援をしています。そのほか、駐車場、水上、道路など新たな設置方法（設置場所）が進んでいます。

（４）次世代型太陽光発電の開発

現在普及している太陽電池の95%以上はシリコン系太陽電池です。以前は日本メーカーも生産を行っていましたが、生産コストが安い中国メーカーが拡大し、現在では８～９割を中国から輸入しています。このような中国に依存するかたちでのサプライチェーンの問題や、先述した適地減少といった課題から次世代型太陽電池の開発が加速しています。

次世代型太陽電池には、色素増感太陽電池（DSSC）、有機薄膜太陽電池（OPV）、ペロブスカイト太陽電池などの種類があります。中でもペロブスカイト太陽電池の注目度は高いです。ペロブスカイトは、ペロブスカイト結晶の層などを基板に塗布して形成する太陽電池で、現在一般的に使用されている結晶シリコン太陽電池よりも軽量で厚みを約100分の１にできるほか、折り曲げて多様な場所に設置することも可能です。

そのため、耐荷重の小さい工場の屋根やビル壁面など、既存の技術では設置が難しかった場所への導入が目指されています。新エネルギー・産業技術総合開発機構（NEDO）でも軽さや建物の曲面などにも設置できる柔軟性や、変換効率・耐久性などの性能向上、およびコストダウンに向けた開発が進んでいます。有機系のペロブスカイト太陽電池は、直近７年間で変換効率が約２倍に向上するなど、飛躍的な成長を遂げ、シリコン系に対抗しうるゲームチェンジャーといわれています。次世代型太陽電池の世界市場規模は2030年に約500億円/年、2050年には約５兆円/年になるともいわれており、世界での開発競争が激化しています。

ここで、いくつか次世代型太陽電池の技術を紹介します。

■フィルム型ペロブスカイト太陽電池

東芝が開発したフィルム型ペロブスカイト太陽電池は、面積703cm^2（世界最大レベル、2022年10月時点）で、効率16.6％（自社測定）を達成（**図９**）。ペロブスカイト層の材料改良などで、さらなるエネルギー変換効率向上と、大面積化を進めていくとしています。

また、ペロブスカイト太陽電池を活用した宇宙太陽光発電も開発が進んでいます。地球上と異なり、天候や季節、日照時間などに左右されないことがメリットで、24時間発電可能です。宇宙空間に巨大な太陽光発電所をつくり、大量の電力を地上に送り届けるプロジェクトが日本でも宇宙航空研究開

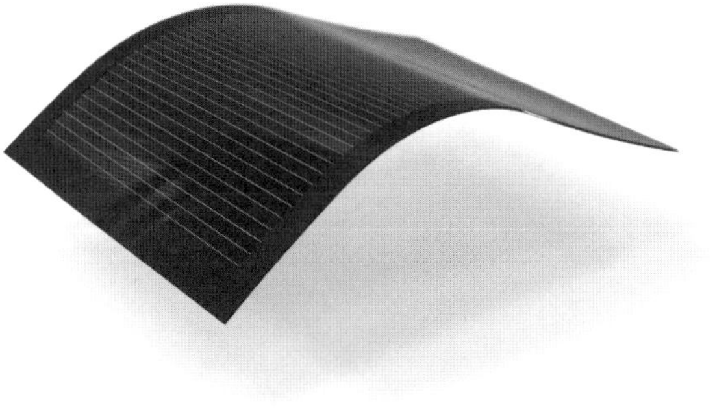

図９　東芝フィルム型ペロブスカイト太陽電池（イメージ図）
出典：東芝エネルギーシステムズ（株）

発機構（JAXA）を中心に進められています。マイクロ波で電気を送ってスマートフォンやタブレットなどを充電したり、工場内のIoT機器やドローン、ロボットへの給電のほか、道路の下に送電設備を設置することで、EVが充電することなく走り続けることが可能になるかもしれません。

■結晶系シースルー太陽電池

カネカが開発した高効率結晶系シースルー太陽電池で、オフィスビル・公共施設等に用いられています（**写真２**）。透明のガラス窓のような意匠を備えつつ太陽光で発電し、採光性と眺望性が確保されます。

写真２　結晶系シースルー太陽電池
出典：（株）カネカ

写真３　発電ガラス
出典：inQs（株）

■無色透明発電ガラス

inQsが開発した無色透明型光発電素子技術を活用した無色透明の発電ガラスで、学校法人海城学園のサイエンスセンターに設置されています。可視光を最大限透過しつつ、表面・裏面および斜めの面から入射する太陽光からも発電が可能になっています(**写真３**)。

(5) 世界の動き

世界の主要国の太陽光発電に関する動向を見ていきましょう。

■中国

中国の再生可能エネルギー発電の累積導入量は、2020年9月末時点で合計7.9億kWと世界全体の30%を占めています。中でも太陽光発電は2.2億kWとなっており、年間導入量も7年連続世界トップで、2位のアメリカに3倍近い差をつけています。導入拡大の要因は、太陽光発電の大幅なコスト低下にあります。日照時間が長く、施工費用の安い地域では、発電コストが約0.2～0.3元/kWhまで下がっています。

■アメリカ

アメリカエネルギー省（DOE）は、電力部門の太陽光発電による構成比を2035年までに40%以上にする可能性があることを発表しています。現状の太陽光発電の構成比は約３％で、現状からシェアが約13倍に拡大する計算となります。気候変動対策に積極的なカリフォルニア州においても14％程度の導入となっています。

■ドイツ

2030年までに商業用施設などの新築時に太陽光パネルの設置を義務化し、それ以外の民間用施設などの新築時にも太陽光パネル設置を原則とすることで、太陽光発電の容量を現在の３倍以上となる200GWに増やしていくこととしています。

洋上風力

（1）洋上風力発電とは―導入量や発電コストなど

太陽光発電と並んで日本でもう１つ注目されているのが洋上風力発電です。2020年12月、洋上風力の産業競争力強化に向けた官民協議会において「洋上風力産業ビジョン」として取りまとめられました。

洋上風力は、排他的経済水域世界第６位という海に囲まれた日本の立地を生かすことができ、大量導入が可能であること、また、コスト低減による国民負担の低減効果や経済波及効果が大きいことから、「再生可能エネルギーの主力電源化に向けた切り札」と位置づけられています。

2020年12月末時点の導入量は58.6MWで、28基７サイトとなっています。また、実証実験段階のところが多く、本格的な導入は2030年代になるとされています。一方で、計画は着実に進行しており、洋上風力の促進地域として長崎県や秋田県、千葉県の５つの地域が選定され、開発が進んでいます。

政府は、年間100万kW程度の区域指定を10年程度継続し、2030年までに1,000万kW、2040年までに3,000～4,500万kWまで拡大する導入目標を掲げています。原子力発電が１基で100万kWの出力とすれば、原発30～45基分となり、非常に大きなポテンシャルがあるといえます。この導入ポテンシャルは、ヨーロッパを中心に世界の企業からもビジネスチャンスがあるとして注目されています。

洋上風力の発電コストですが、2019年度は36円/kWhでした。2020年度に着床式では入札制が設けられており、政府は着床式の発電コストを2030～2035年までに8～9円/kWhにする方針です。

2021年12月、秋田県沖の海域と千葉県銚子市沖の海域で、洋上風力発電の公募が実施されました。国が発表した公募結果によると、三菱商事を中心とする事業体が3海域で全勝しました。その理由は、売電価格が1kw時当たり11.99～16.49円であったことです。政府が設定した上限価格29円を大きく下回り、ヨーロッパで一般的な10円未満に迫る水準となりました。導入は2028～2030年を予定しています。

（2）日本で期待される浮体式

洋上風力には大きく分けて着床式と浮体式の2つの方式があります（**図10**）。

着床式は、支持構造物を直接海底に埋め込み、固定して建設する方法です。水深50mより浅い海域では着床式を利用します。遠浅の海が広がるヨーロッパでは、20年以上前から着床式の設備が建設され、商用ベースの運転が行われています。

浮体式は、洋上に浮かんだ浮体式構造物を海底に固定したアンカーにつなぎとめる方法です。水深50～200mの海域で発電します。世界的に新しい技術で2009年にノルウェーで初めて実用化されました。着床式よりも、より広い海域に設置が可能となることや、タービン設置にかかる費用が低いというメリットがあります。日本の海域は遠浅が少ないため、浮体式の普及が期待されており、政府もグリーンイノベーション基金で技術開発の支援を行っています。

（3）洋上風力の課題

海域利用に関する統一的なルールがないという課題に対しては、2019年4月より「海洋再生可能エネルギー発電設備の整備に係る海域の利用の促進に関する法律（再エネ海域利用法）」が施行され、必要なルール整備が実施されてきています。

そもそも日本海域では、津波、地震、台風などのリスクがあることや遠浅

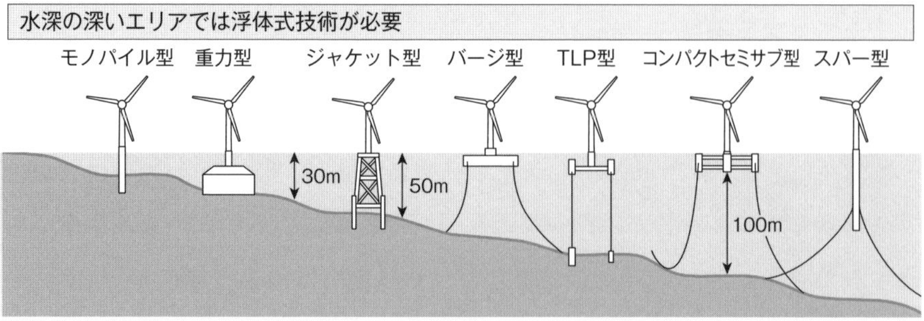

	着床式			浮体式			
	モノパイル型	重力型	ジャケット型	バージ型	TLP型	コンパクトセミサブ型	スパー型
長所	•施工が低コスト •海底の整備が原則不要	•保守点検作業が少ない	•比較的深い水深に対応可 •設置時の打設不要	•構造が単純で低コスト化可 •設置時の施工が容易	•係留による占用面積が小さい •浮体の上下方向の揺れが抑制される	•港湾施設内で組立が可能 •浮体動揺が小さい	•構造が単純で製造容易 •構造上、低コスト化が見込まれる
短所	•地盤の厚みが必要 •設置時に汚濁が発生	•海底整備が必要 •施工難易度が高い	•構造が複雑で高コスト •軟弱地盤に対応不可	•暴風時の浮体動揺が大。安全性等の検証が必要	•係留システムのコストが高い	•構造が複雑で高コスト •施工効率、コストの観点からコンパクト化が課題	•浅水域では導入不可 •施工に水深を要し設置難
備考	—	銚子沖実証事業（東京電力HD 他）	北九州沖実証事業（電源開発 他）	北九州沖実証事業（日立造船 他）	—	福島沖実証事業（三井E&Sエンジニアリング 他）	福島沖実証事業（ジャパンマリンユナイテッド 他）五島市沖実証事業（戸田建設 他）

図10　洋上風力の種類（着床式と浮体式）

出典：経済産業省資源エネルギー庁、「洋上風力発電の低コスト化」プロジェクトの研究開発・社会実装計画（案）の概要、2021年6月

の海が少ないことが課題とされています。2011年に開始された福島沖の福島浮体式洋上ウィンドファーム実証研究事業は、世界の最先端の浮体式洋上風力発電技術といわれていましたが、技術的な課題があり、撤去・解体となっています。

一番高い技術的なハードルとしては、送電線が切れてしまうなど送電線の工事があります。また日本では、洋上風力の適地は北海道、東北、九州にあり、大規模な需要地から離れているため、長距離を効率的に送電することに課題があります。そこで2021年10月に経済産業省は、再生可能エネルギー大量導入・次世代ネットワーク小委員会中間整理（第4次）で送電網の増強をするためのマスタープランを取りまとめました。北海道から首都圏を結ぶ太平洋側と日本海側を候補とし、洋上風力発電の送電線を海底に整備する検討を加速することとしました。事業費は1.5兆円から2.2兆円規模に上る可能性があるとのことですが、海底ケーブルは新設に要する時間やコストが陸上より少ないとされています。詳しくは後述の「送配網のバージョンアップ」で説明します。

（4）今後の方向性

導入目標の実現に向けて、セントラル方式の導入が本格検討されています。これは、国が一括して事前調査を実施した後に、事業者に入札をかけるという仕組みで、ヨーロッパなどでは主流です。複数の事業者による、風況や海底地盤などの洋上風力発電設備の基本設計に必要な調査項目のほか、環境影響評価で事業者が共通して行う項目についての重複実施が必要なくなるため、効率的にコスト削減を図ることができます。そして、導入目標に向けて案件形成を加速化していくことができます。政府は日本版セントラル方式の議論を進めていますが、費用負担の在り方についてなどの課題も残っています。

また、洋上風力発電設備は、構成機器・部品点数が多く（数万点）、事業規模は数千億円といわれています。そこで、地域社会の活性化や雇用の増加が期待されます。現在、ファーム部分はGEなどの国外企業が強いですが、部品や建設では日本企業が参入する余地がまだまだあります。

将来的な導入量の増加目標にあたり、人員育成も必要です。そこで経済産業省では、2023年度から、大学・高専等や企業が洋上風力人材育成のために提供するカリキュラム作成や、風車設備のメンテナンス、洋上作業に関わる訓練を行うための訓練設備整備費の補助を検討しています。政府は将来的に、気象・海象が似ており、市場拡大が見込まれるアジアへの展開も目指すとしています。

（5）世界の動き

世界初の洋上風力発電所が建設されたのは1991年、デンマークでした。

<洋上風力発電の各国政府目標>

地域/国	目標	
EU	60GW 300GW	(2030年) (2050年)
ドイツ	40GW	(2040年)
アメリカ	22GW	(2030年)
中国	5GW	(2020年)
台湾	5.5GW 15.5GW	(2025年) (2035年)
韓国	12GW	(2030年)

IEA Offshore Wind Outlook 2019、各国政府公表情報を元にエネ庁追記

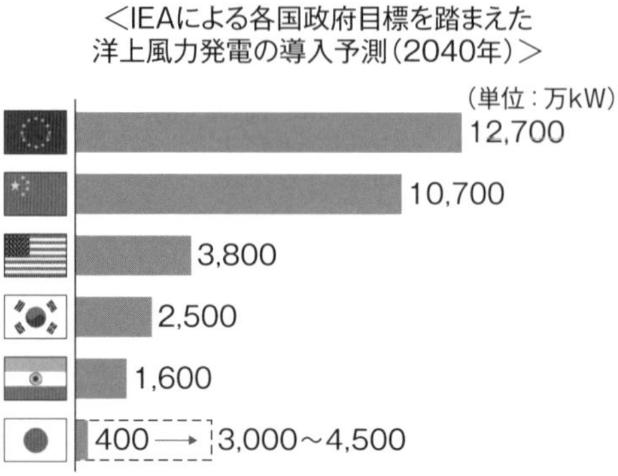

IEA Offshore Wind Outlook 2019(公表政策シナリオ)

図 11　政府による導入目標の明示

出典:洋上風力産業ビジョン(第1次)概要、洋上風力の産業競争力強化に向けた官民協議会、令和2年12月15日に著者加筆

その後、ヨーロッパを中心に世界で導入が拡大しています。先行するヨーロッパでは、落札額が10円/kWhを切る事例や市場価格(補助金ゼロ)の事例が出始めています。また、ヨーロッパ各国では、現状1~2万人の洋上風力関連雇用があり、今後も増加していく見込みです。

地形が洋上風力に最適であるイギリスでは政府と産業界がパートナーシップを築き、サプライチェーンの生産性と競争力を向上させることを目的に、2019年3月に洋上風力発電産業戦略を策定、政府と洋上風力産業セクターがコスト低減を条件に2030年までに洋上風力30GWの導入を目指すことで合意しています。

中国では、風力発電の導入量が累積で約1.7億kWに達し、年間2,000万kW以上となっているなど、今後は日本だけでなく、中国、韓国、台湾といったアジア市場で急成長が見込まれています(**図11**)。

水力発電

(1) 水力発電とは―導入量や発電コストなど

水が高いところから低いところへ落ちる時の力を利用して水車を回し、水車と直結した発電機で電気を起こします。エネルギー変換効率が80%程度

と高く、設備が長期間運転できるため経済的で、CO_2の排出量が極めて少ない発電方式です。

水資源に恵まれた日本では、発電への利用も昔から盛んで、国内でまかなうことのできる貴重なエネルギー源となっていました。戦後、電力消費の増大につれて水力だけではまかないきれず、火力発電所が次々と誕生。1950年代頃から発電電力量が、火力発電が水力発電を上回るようになりました。現在は、起動・停止に要する時間が数分程度と短く、出力の変化速度も大きいことから、数秒から十数分の周期をもつ短周期・中周期の需要変動に対する安定した調整力として期待されています。

発電方法の種類はいくつかありますが、例えばダム式発電所は、川幅が狭く両岸の岩が高く切りたったようなところにダムを築き、水をせき止めて人造湖をつくり、その落差を利用して発電します。ダムの水を利用して需要が伸びる昼間に発電し、夜間はダムの水を貯水するといった運用ができます。

近年は、中小水力発電の建設が活発化しています。小水力発電を推進する任意団体の全国小水力利用推進協議会が政府に提出したレポートでは、FITの認定を受けた中小水力発電設備（出力３万kW未満）と新規に認定を受け

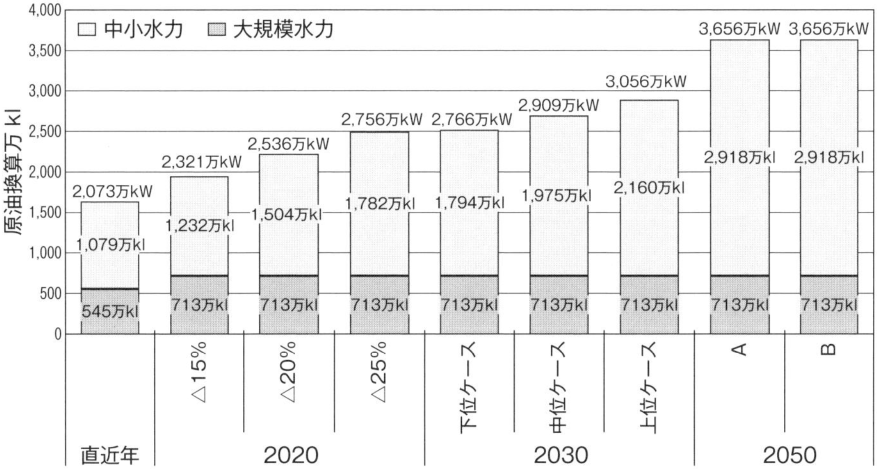

図12　2050年までの水力発電の導入見込量（地球温暖化対策に関する中長期ロードマップ）
出典：環境省、小水力発電情報サイト

る発電設備(同5,000kW未満)を加えて、2014年度は発電能力が5万kW未満でしたが、2020年度には合計で42万kWに拡大しました。

中小水力は様々な規模があり、河川の流水を利用する以外にも、農業用水や上下水道を利用する場合もあります。すでに開発済みの大規模水力に比べて、まだまだ開発できる地点が多く残されており、今後のさらなる電源開発が期待されます(**図12**)。

2021年9月末時点の導入量は9.8GWでした。2030年までに10.4GWを目指しています。これは総発電電力量の8.8～9.2%を占めることになります。発電コストは小水力で25.3円/kWh、中水力で10.9円/kWhとなっており、今後も横ばいとなる予想です。

(2) 水力発電の課題

水力発電は初期投資の負担が重い点や、他の電源と比べても調査から建設工事、運転開始までに長い期間を要する点が課題です。

また、日本の包蔵水力のうち、出力および電力量ベースで7割弱程度、地点数で約4割が開発済みです。水力発電の未開発地点は約2,700地点存在しますが、奥地かつ小規模なため、開発済み地点と比べてコストが高いことから導入ポテンシャルとしては低くなっています(**図13**)。

(3) 今後の動き

既存の大型設備に関しては、デジタル技術を活用した取り組みとして、

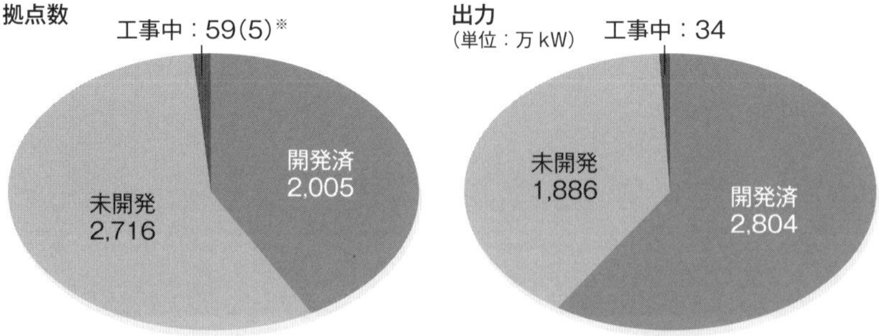

※(　)内は既存地点の更新・改良工事数です　資源エネルギー庁「包蔵水力(2017年3月)」

図13　日本の水力エネルギー

出典：経済産業省資源エネルギー庁、なっとく！再生可能エネルギー

AIの活用によるダム流入量の高精度予測や発電計画作成支援の実証などを推進しています。また、ガイドラインを策定し、ICT、IoTなどによる設備の遠隔保守を促進します。この保守・点検業務の効率化により、発電停止期間の短縮・発電電力量の増加といった効果が期待されます。

一方、導入が進んできた新規で開発可能な水力発電の候補地も圧倒的に中小水力向けが多いことや、中小水力発電は環境にも優しく地産地消であることから、今後も中小水力発電への期待が高まります。

中小水力発電の事例としては、以下のようなものがあります。

① 渓流水利用

渓流を流れる水の一部を導水し、流れ込み式の発電を行う利用や、渓流に直接発電装置を設置して発電する利用形態で、代表的なものは出力260kWの長野県の蓼科発電所です。

② 農業用水利用

農業用水には水田への水供給のため水路に落差工が設けられています。そのため比較的豊富で安定した流量がある用水であれば、落差工の部分に直接発電装置を設置して発電することが可能です。栃木県の百村第一・第二発電所などがあります。

③ 上下水道利用

上水道では原水取水箇所から浄水場、または浄水場から排水場までの間で落差があります。通常、送水管路の末端部には水流の圧力を減圧するための減圧バルブが取り付けられており、この減圧分の圧力を有効利用することができます。一方、下水道では最終処理施設を出てから河川・海域へ放水される間の落差が発電に利用できます。

④ 工場内水利用、そのほか

工場においては、下水道と同様、排水を最終的に河川へ放水する際の落差を利用した発電のほか、工場内で循環する過程で生じる落差を利用した発電の事例があります。他にも、道路・鉄道用のトンネルからの湧水を発電利用したものもあります。NHKでは、ビル内に流れる水を利用して出力7kW

のマイクロ水力発電を設置しています。

（4）世界の動き

実は、世界で最も導入が進んでいる自然エネルギーは水力発電で、約11億kWに達するといいます。最も導入が進んでいる国は中国で、ブラジル、アメリカ、カナダと続きます。中国では水力発電が新規に890万kW導入され、累積で3億kWを超えています。

「NEDO再生可能エネルギー技術白書第2版」によると、中小水力発電のポテンシャルは、世界全体で150～200GWと推計されていますが、開発された中小水力は、そのわずか5％程度に過ぎないということです。中でもアフリカ、アジア、中南米に、特に大きな開発ポテンシャルがあるとのことです。また、オーストラリアやニュージーランドでも中小水力発電が注目されつつあるなど、世界でも今後の中小水力発電市場拡大が期待されています。

バイオマス発電

（1）バイオマス発電とは―導入量や発電コストなど

バイオマスは生物から生まれた資源のことで、森林の間伐材、家畜の排泄物、食品廃棄物などが挙げられます。こうした生物資源を直接燃焼する直接燃焼方式や、ガス化するなどして電気を起こす熱分解ガス化方式があります。

光合成によりCO_2を吸収して成長するバイオマス資源を燃料とした発電は、CO_2を増加させずにエネルギーをつくり出すことができるクリーンな発電方法です。加えて、廃棄物の再利用や減少につながり、循環型社会構築に大きく寄与します。化石燃料と一緒に燃焼することで、発電を安定化させる「石炭・バイオマス混合燃焼」の手法も注目されています。

バイオマス発電の導入量は2020年時点で500万kWです。2030年には800万kWを目指しています。コストは現在13.2円/kWh（混焼）、29.8円/kWh（専焼）となっており、今後も横ばいとなる予想です。

（2）バイオマス発電の課題

バイオマス発電の課題としては、小規模分散型の設備になりがちな点があります。また、安定的に燃料を確保することや、保管場所などのスペースの確保といった問題もあり、運営が不安定な側面があります。2021 年以降はコロナ禍のウッドショックなど、海外から輸入する木質バイオマス燃料の価格高騰などで採算性が悪化している発電施設もあります。

また、農園開発のための自然破壊が行われないようにするといった自然環境への配慮や、労働者や住民の権利を守るなどといった社会環境への配慮が必要という認識がEU 中心に広がっています。このような課題をクリアし、バイオマス発電を持続可能なものとして利用し続けるために、「第三者認証」の重要性が増しています。そのほか、資源を輸送した時に CO_2 が出るといった課題もあります。

(3) 国内外の動き

■岡山県真庭市のバイオマス発電事業

岡山県北部に位置する真庭市は総面積のうち８割が林野で、ヒノキの産地として有名です。中心街からほど近いところに、総面積約２万 5,000 m^2 の広大な木材集積場があります。ここに、真庭市周辺の製材所から出た端材や森林の間伐で出た丸太や枝葉といった木材が集まってきます。2013 年に地元の林業従事者や木材業者、市が一体となって真庭バイオマス発電所を設立

写真４　2015 年４月に稼動した真庭バイオマス発電所
出典：岡山県真庭市

しました(**写真４**)。

燃料確保のために、搬出費や処分費がかかるだけの木材を燃料として買い取る画期的な仕組みをつくりました。これまでは山に放置された木材もあり、土砂災害の原因になっていたといいます。かつては「森林のゴミ」として年１億円かけて燃やしていた端材は、真庭市の電力をまかなう木質バイオマス発電の燃料に変貌を遂げました。

現在、発電所は24時間、年330日稼働しています。この発電所の出力は１万kWで、市役所や小中学校など現在は公共施設84か所と、民間施設に電力を供給しています。真庭市のエネルギー自給率は約12％（2014年度)から､約32％（2020年度)に大幅に上昇しました。CO_2排出量も発電所だけで、年間５万4,000t削減しました。

課題は2035年に迎えるFITの終了に伴う売電価格の低下です。FIT終了後の価格は３分の１に下がる見込みです。そうした背景から、FIT後にも事業を継続していくためには、バイオマス発電に関わる運営費用を圧縮していくことが必要になってくると想定されます。

そこで、真庭市は２基目のバイオマス発電所の建設を検討しています。新たにFITを活用できる発電所を増設し、燃料となる木材の買い取り価格の下げ幅を緩和することで木材業者などの負担を抑えようとするものです。また、買い取り価格を下げても納入業者が利益を捻出できるよう伐採コストを下げる仕組みをつくることも検討しています。

■日本の新電力がベトナムでバイオマス発電所を稼働

新電力大手のイーレックスは、ベトナムで2035年までに12省14基、合計1,119MWの新設バイオマス発電の建設を予定しており、すでにベトナム第８次国家電力マスタープラン(PDP8)に申請をしています(**図14**)。燃料には発電所周辺で出た米のもみ殻や稲わら、サトウキビの搾りかすなど木質残渣未利用資源を利用。圧縮などをして、そのまま燃料に使えるため、固形燃料の木質ペレットに加工する手間を省けるとのこと。一部の発電所には早生かつ低コストで栽培できる「ソルガム」と呼ぶ植物も使うそうです。

		プロジェクト名		発電量	稼働開始予定
北部	1	Yen Bai	イェンバイ	75MW	2025
	2	Tuyen Quang	トゥエンクワン	100MW	2025
	3	Hoa Binh	ホアビン	50+50MW	2026/2030
	4	Phu Tho	フートー	50MW	2027
	5	Bac Kan	バッカン	50MW	2028
中部	6	Thanh Hoa 2	タインホア2	60MW	2025
	7	Thanh Hoa 1	タインホア1	50MW	2030
	8	Quang Binh	クァンビン	109MW	2028
	9	Dak Lak	ダックラック	125MW	2029
南部	10	Can Tho	カントー	50+50MW	2026/2028
	11	An Giang 1	アンジャン1	75MW	2027
	12	An Giang 2	アンジャン2	100MW	2030
	13	Long An	ロンアン	75MW	2029
	14	Binh Phuoc	ビンフォック	50MW	2030
		12省　14案件		1,119MW	

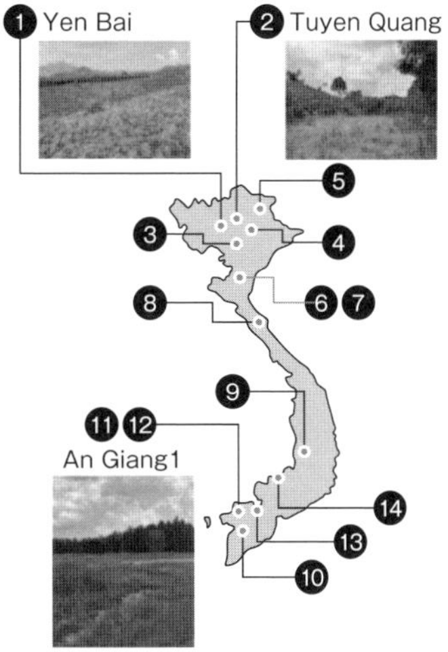

図 14　ベトナムにおけるバイオマス発電所建設計画
出典：イーレックス(株)

輸送に関しては、発電所近辺に設けられている複数のストックパイルなどの集積所を利用して輸送時の CO_2 を削減するとしています。

地熱発電

(1) 地熱発電とは―導入量や発電コストなど

地熱発電は、マグマにより生じた高温の蒸気を利用し、タービンを回転させて電気をつくる発電方式です。地熱発電の歴史は長く、1904 年にイタリアで地熱発電実験が成功したところから始まります。日本では 1919 年に掘削が初めて成功し、1966 年に日本初となる地熱発電所の運転が開始されました。その松川地熱発電所（岩手県）は、50 年経った今も稼働しています。大分県には、11 万 kW と国内最大の発電設備容量を誇る八丁原発電所（**写真 5**）があります。

地熱発電の発電方法は 2 つあります。

1 つ目のフラッシュ方式は、地下のマグマの熱エネルギーを利用して蒸気をつくり、その蒸気でタービンを回して電気を起こします（**図 15**）。主に 200 ℃以上の高温地熱流体での発電に適しています。地熱流体中の蒸気で直接タ

写真５　八丁原地熱発電所
出典：大分県

ービンを回し、発電に使われた後の蒸気は、冷却塔で冷やされ水になり地下に戻します。地熱資源は火山性の地熱地帯で、マグマの熱で高温になった地下深部（地下1,000～3,000m程度）に存在します。CO_2をほとんど出さずにエネルギーをつくり出せることや、エネルギー源が枯渇しないこと、発電量が昼夜、年間で変動することもなく安定しているといったメリットがあります。

２つ目のバイナリー方式は、すでにある温泉熱（水）・温泉井戸など低い温度の熱を利用して電気を起こします。水よりも沸点の低い二次媒体を使うので、より低温の地熱流体での発電に適しています。地熱流体で温められた二次媒体の蒸気で、タービンを回します。まだまだ導入の余地がある発電方式であり、新たな掘削なども必要としないため、環境にも優しい発電方法といえます。

導入量は現在0.7GWで発電コストは16.7円/kWとなっており、今後も横ばいとなる予想です。地熱発電は全体の電源構成を示すエネルギーミックスに占める割合が小さく、2019年時点ではわずか0.2%にとどまっています。2030年度時点では１%程度を見込んでいます。

（2）地熱発電の課題

日本はアメリカ、インドネシアに次ぐ世界第３位の地熱資源国で、ポテンシャルは大きいですが、導入が進んでいないのが現状です。その背景には国

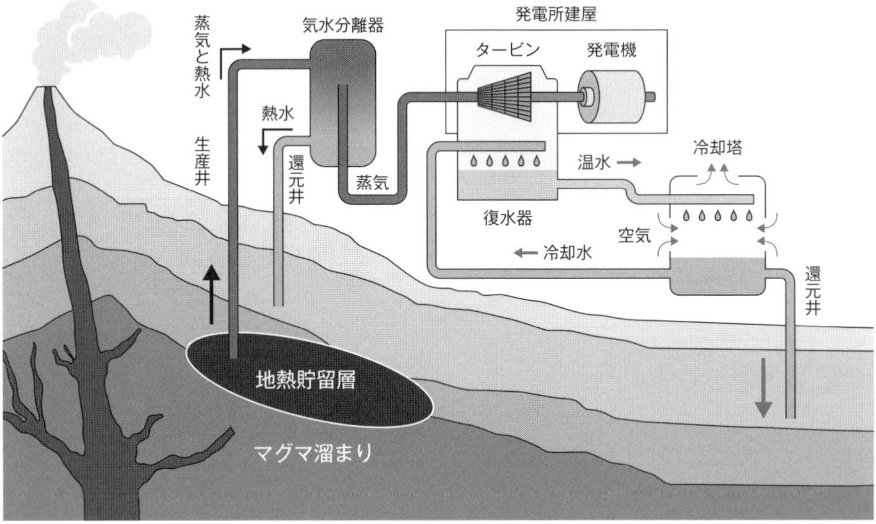

図 15　経済産業省資源エネルギー庁、地熱エネルギーの宝庫・東北エリアで見る、地熱発電の現場（前編）

立公園や温泉地に建設するハードルの高さや発電設備をつくるための調査や開発に大変な時間とコストがかかるということがあります。特に、開発に適した場所であるにもかかわらず、開発に制限が課せられるケースが多いことは地熱発電における導入拡大の足かせになっています。

一方、世界では地熱発電へ投資が進んでおり、海外への技術流出が懸念されています。また、二酸化ケイ素や炭酸カルシウムなど、地中のお湯に含まれている物質(スケール)が沈着することで、生産井のパイプが詰まることが技術的な課題としてあります。

（3）世界の動き

アメリカでは､新たなベースロード電源として地熱発電に着目しています。アメリカエネルギー省(DOE)は 2021 年 4 月、地熱をより効率的に採取するための技術開発に向けて 1,200 万ドルをあてることを発表しました。

カナダの Eavor は、高温岩体発電という方式で地熱発電を行うスタートアップとして誕生しています。地中深くに水を送り込み、高温の蒸気にして取り出し、発電する仕組みです。地下に熱水がなくても発電できるため注目されています。地中のお湯ではないため、スケールがつかないといったメリットもあり、大手の石油メジャーが投資を行っています。

そのほか、地中の熱を取り出して蒸気をつくって発電するアメリカ・テキサス州のFervo Energyの取り組みもあります。これまでは熱源探索の不確実性が高かったですが、低コストで使えるセンサー技術の発達で、精度の高い探索ができることによってヒット率が格段に向上し、事業リスクが大きく下がったということです。

水素発電

(1) 水素発電とは―導入量など

政府は、第6次エネルギー基本計画の電源構成に、水素やアンモニアによる発電を初めて盛り込みました。2030年時点では、基本的には化石燃料への混焼に使用する目的としての用途になっており、その割合は1%程度ですが、新しい技術に注目が集まっています。

水素は無色無臭の地球上で最も軽い気体です。水などのように他の元素との化合物として地球上に大量に存在します。水素は、酸素と結びつけることで発電したり、燃焼させて熱エネルギーとして利用することができますが、その際、CO_2を排出しません。また、電気を使って水から取り出すことができるのはもちろん、石油や天然ガスなどの化石燃料、メタノールやエタノール、下水汚泥、廃プラスチックなど、様々な資源からつくることができます。そのため、次世代のクリーンエネルギーとして注目されています。

水素発電は、水素そのものを燃焼させて空気中の酸素と激しく化学反応させ、そのエネルギーでタービンを回して電気エネルギーを取り出します。これがガスタービン発電方式です。他にも、蒸気タービン用のボイラの燃料として水素を用いる方式や、燃料電池を用いる方式があります。化石燃料と違って水素は炭素を含まないため、燃やしてもCO_2が出ません。水素は多様なエネルギー源から製造可能なため、エネルギーセキュリティの向上にもつながります。

ガスタービン発電の場合、水素と天然ガスや石炭改質ガスというように、他のガス体エネルギー燃料と一緒に燃やす「混焼」ができます。一定の技術課題が解決されれば、既存ガスタービン同様に規模の拡大も可能と期待されています。

川崎重工業では水素100％の燃料でガスタービンを使って発電する技術を開発。神戸港のポートアイランドで水素燃料ガスタービン発電の実証実験を行っています。

加えて、2022年3月16日、川崎重工業はガスエンジンで初めて水素を体積比30％までの割合で天然ガスと混焼して、安定した運用を実現できる燃焼技術を開発したことを発表しました。画期的なのは、新機種では既存エンジンの信頼性を継承したまま水素エネルギーを活用することが可能な点です。180台以上の販売実績がある従来型ガスエンジンをベースに水素供給系統を追加するなど、必要最小限の変更で水素混焼を実現しました。今回の技術では、天然ガス専焼のガスエンジンと比べて年間1,000tのCO_2を削減できるということで、市場投入時期は、2025年を予定しています。

日本は、2017年12月に世界で初めて府省庁を横断する国家戦略として「水素基本戦略」を策定、2018年には経済産業省とNEDOが水素閣僚会議を開催し、日本が世界をリードして水素社会を実現していくという方針を打ち出しています。国際連携も重要で、欧米の先進国に対して先行市場の獲得や、技術開発・標準化分野の協力を、中東やオーストラリアの資源国に対して水素製造・輸出に関する取り組みといったように、先進国、資源国などターゲットごとに戦略を展開しています。

再エネからの水素製造と発電以外の水素利用については、「Power to Gas」の項目で詳しく解説します。

（2）水素発電の課題

水素発電は、着火から燃焼までが速いため、逆火の危険性が高いことが課題として挙げられています。また、サプライチェーン構築と製造・運搬にかかるコストは大きな課題です。経済産業省によると、水素による発電は1kW時当たり97円と、液化天然ガスの7倍もかかる高コストです。

そこで、産学官一体となった水素バリューチェーンの構築プロジェクトを行っています。2021年に世界初の液化水素運搬船「すいそ ふろんてぃあ」の実用化の日途が立ったことが大きな話題になりました。液化水素運搬船は水素普及のネックになっていた大量運搬による価格低減の要となります。オーストラリアで採掘される安価な石炭「褐炭」をガス化して現地で水素を製造。−253℃に冷却し、液体化することで体積を800分の1にし、大量輸送を目指します。一度に運べる液化水素は1,250 m^3 で、水素を使う燃料電池自動車(FCV) 1.5万台の燃料に相当する量だといいます。

（3）今後の方向性

液化水素だけでなく、メチルシクロヘキサン（MCH）の大規模水素サプライチェーン構築も同時に進めています。プロジェクトには国費負担上限額である3,000億円の投資がされます(**図16**)。

これにより水素コスト(プラント引き渡しコスト)を、従来エネルギーと遜色のない水準まで低減させていくことを目指しています。水素・燃料電池戦略ロードマップ(2019年3月12日)によると、具体的には、「2030年頃に30円/ Nm^3 程度、将来的に20円/ Nm^3 程度まで低減することを目標」としています。

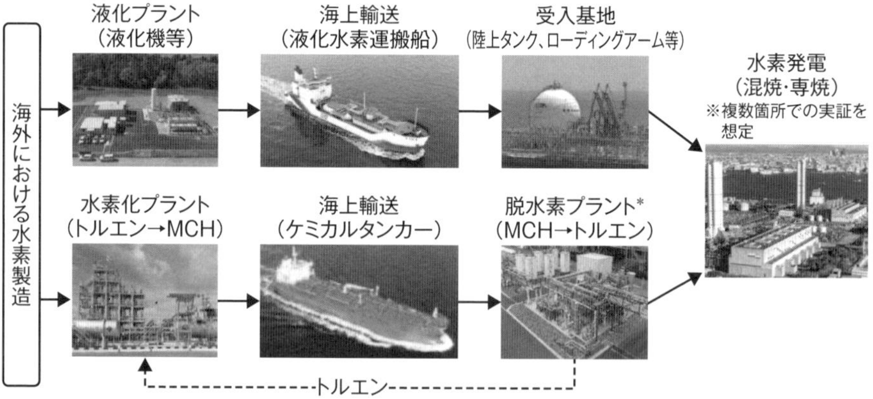

＊製油所等、既存設備を最大限活用することを想定
HySTRA、AHEAD、各社HPより資源エネルギー庁作成

図16　液化水素、メチルシクロヘキサン（MCH）の大規模水素サプライチェーン（イメージ）
出典：経済産業省資源エネルギー庁新エネルギーシステム課／水素・燃料電池戦略室、水素社会実現に向けた社会実装モデルについて、2021年8月

また、水電解装置の開発や水素ガスタービン発電技術の実証実験も行われています。水素は2050年までの長期スパンでエネルギーシフトが起こると考えられていますが、需要喚起も大切な要素です。そのため水素を利活用するためのインフラ整備なども同時進行で進んでいます。

（4）世界の動き

アメリカのバイデン政権は、産業分野の脱炭素化を推進するため、水素エネルギーの活用に95億ドルを投じることを柱とする戦略を2022年2月に発表しました。中国では、2017～2018年の間に水素開発への投資額は約2,292億元を超えたというレポート（自然エネルギー財団）もあります。EUでは、欧州委員会が2020年7月に「欧州の気候中立に向けた水素戦略」を発表し、グリーン水素の推進を明確にするなど、世界中で水素戦略の策定が相次いでいます。

■水素輸出に力点をおいた施策を展開するオーストラリア

オーストラリアは、2019年に国家水素戦略を策定。2020年9月に水素を含む低炭素技術ロードマップを策定しました。再エネ輸出国を目指すという政府の方針のもと、クリーンエネルギーの導入が進んでいます。そのトップに水素エネルギーを位置づけて、再エネ由来の「グリーン水素」の輸出を強化しようとしています。

国家水素戦略では、以下のように2つのフェーズに分け、施策を記載しています。

① 2025年までグリーン水素サプライチェーンを構築・試験・実証による世界市場の拡大や価格競争力のある生産能力の開発

② 2025年以降産業規模の拡大・市場の活性化のための追加施策

また、具体的な定量目標を掲げている点が特徴で、低炭素技術ロードマップではグリーン水素の製造コスト目標を2A$/kg以下と定めています。水素の輸出額は2025年に629百万A$、2040年には5,702百万A$になるとの試算も存在。その約4割が日本、次いで、韓国、中国といったアジア圏への輸出を想定しています。

■水素社会への転換をアフターコロナの経済成長の好機と捉えるドイツ

ドイツは、いち早く水素利用計画を推進した国です。2004年からFCVと水素ステーションの実証プロジェクトを開始。2007年からは「水素・燃料電池技術革新プログラム（NIP）」が始まり、技術開発への資金が投入されています。

2009年にはFCVと水素ステーションの全国的な普及を目指したインフラ整備を検討する官民一体のプロジェクト「H2 Mobility」が発足。日本貿易振興機構（ジェトロ）の「ドイツにおける水素戦略と企業ビジネス動向」（2021年4月）によると、水素ステーションの設置数は計約100か所とのこと。

新型コロナウイルスからの経済回復に向けて政府は、総額1,300億ユーロの経済刺激策を導入。気候変動関連に振り分ける400億ユーロのうち90億ユーロを水素関連にあてます。内訳としては、70億ユーロを水素技術のコスト低減と国内の水素技術の市場強化に、20億ユーロを国際的なパートナーシップの構築に投じることを決めています。

EUより1か月早い2020年6月に国家水素戦略を策定。以下①、②のフェーズに分けて「水素生産」、「水素の利用（交通・工業分野・熱利用）」、「インフラと供給」、「研究・教育・イノベーション」、「欧州レベルで必要な行動」、「国際水素市場と国外との経済的連携」といった重点分野に沿って、38の具体的な施策と行動計画を掲げています。

① 2023年まで水素市場の立ち上げ開始と機会の活用

② 2030年まで国内・国際的な水素市場の立ち上げの強化

また、水素製造能力は2030年までに5GW、2040年までに10GWを目標に掲げています。国際連携ではドイツも日本と同様に、中長期的に大量の水素を輸入する必要があるため、「国際的な水素市場と国際協力体制の確立が重要」とし、特に北アフリカ諸国との連携を進めています。

■ EUの水素拠点のハブとなることを目指すオランダ

オランダは、日本と産業構造や物流拠点となる地形、化石エネルギー（天然ガス）依存度が高いといった点で類似しており、脱炭素転換のための水素戦略を打ち出しています。

その特徴は、早期に実現を目指しているところです。2030年までにはグリーン水素の大量利用を目指し、水電解施設の建設に1GW当たり14.3億ユーロと世界トップレベルの支援を国がしています。また、世界有数のガス田をグリーン水素のバリューチェーンを構築する大規模プロジェクト「HEAVENN」へと転換。ヨーロッパ各地で横展開できるような設計を目指し、EUのエネルギー産業の転換を仕かけています。

同時に、EU各国への水素の供給体制も構築し始めており、ロッテルダム港を水素の調達および供給拠点のハブとすることを構想しています。この結果、2050年までに2,000万tの水素取り扱い量を目指しています。さらに水素サプライチェーンでネックとなる輸送については、既存の天然ガスパイプラインを活用しながらオランダ全土やEU各国へ水素パイプラインを張り巡らせて陸路でも輸送する構想で、2～6兆ユーロの投資を計画しています。

アンモニア発電

(1) アンモニア発電とは

アンモニアは無色透明の気体で、強い刺激臭があります。分子式は「NH3」で、水素(H)と窒素(N)で構成されています。約8割が肥料として消費されています。残りの2割は工業用で、メラミン樹脂や合成繊維のナイロンや爆発物の原料となります。すなわち、アンモニアは可燃性ガスなのです。

アンモニア発電は、アンモニアを燃料として行う発電です。燃焼する際にCO_2を排出しないため、石油や石炭、天然ガスの代わりにアンモニアを使用することでCO_2排出量削減の期待がされています。現在、アンモニアを石炭火力発電のボイラに混ぜて燃焼させる「混焼」がアンモニア発電の中で最も開発が進んでおり、その技術は日本が先行しているといわれています。

2021年10月、東京電力ホールディングスと中部電力が共同出資するJERAは、大手機械メーカーのIHIと協力して、日本最大の石炭火力発電所である碧南火力発電所（発電出力800万kW）で同規模では世界初の燃焼試験を始めました。まずは少量の混焼から始め、2024年度にはアンモニアの比率を20%

まで引き上げます。将来的にアンモニア100%の火力発電を目指しています。

日本でアンモニア発電に対する動きが加速する背景には、火力発電、特にCO_2排出量が多い石炭火力への国際的な批判が高まっていることがあります。日本は2030年までに非効率石炭火力を廃止する方針ですが、天候などで出力が変動する再生可能エネルギーを調整する役割があるとして、2030年時点でも19%の電源を残さざるをえない状況です。そのため、既存の石炭火力を活用しながら、CO_2排出量を可能な限り減らすために、アンモニア発電の実用化が急がれています。

また、アンモニアを直接燃焼してガスタービン発電に使う方法もあります。LNGなどを燃焼する際に発生する高温・高圧ガスによってガスタービンが回転し、電気がつくられます。ガスタービンの排熱で液体アンモニアを水素と窒素に分解(アンモニアクラッキング)し、水素を燃料としてガスタービンで燃やして発電する仕組みの研究開発も行われています。

水素の沸点が−252℃であるのに対し、アンモニアは沸点が−33℃のため液化しやすく取り扱いがしやすいこと、すでに製造・運搬の技術が確立されていることから、水素より実用的でメリットは大きいといわれています。また、大量輸送が難しい水素を、輸送技術の確立しているアンモニアに変換して輸送し、利用する場所で水素に戻すという手法を利用することで、水素の輸送媒体としても役立つ可能性があります。

(2)アンモニア発電の課題

アンモニア発電の課題はいくつかあります。まずは供給量です。現在はアンモニアの年間貿易量は2,000万t、日本の消費量は約108万tです。一方、石炭火力1基に20%のアンモニアを混ぜる場合、年間約50万tのアンモニアが必要になります(**表3**)。これは、わずか2基で今の国内消費量に相当することになります。そのため国内生産だけではまかないきれず、安定調達に向けては世界的な供給網を構築する必要があります。

続いては製造過程です。アンモニアはハーバーボッシュ法という400～500℃の高温と、100～300気圧という高圧下で窒素と水素を合成して製造さ

表３　燃料アンモニア利用による CO_2 削減と消費量

- 将来的な**アンモニア専焼（アンモニア火力発電）**へのリプレースによって**電力部門の５割の CO_2 排出削減**。**石炭火力での20%混焼**によっても、**電力部門の１割の削減**が可能。
- 他方、**石炭火力１基（100万kW）で年間50万トンの燃料アンモニアが必要**となる。

ケース	20%混焼 （※１）	50%混焼 （※１）	専焼 （※１）	（参考） １基20%混焼
CO_2 排出削減量 （※２）	**約4,000万トン** 電力部門の CO_2排出の約１割	約１億トン	**約２億トン** 電力部門の CO_2排出の約５割	約100万トン
アンモニア 需要量	約2,000万トン	約5,000万トン	約１億トン	**約50万トン**

※１　国内の大手電力会社が保有する全石炭火力発電で、混焼／専焼を実施したケースで試算。
※２　日本の二酸化炭素排出量は約 12 億トン、うち**電力部門は約４億トン**。

出典：経済産業省資源エネルギー庁、「燃料アンモニアサプライチェーンの構築」プロジェクトの研究開発・社会実装の方向性、2021 年６月

れますが、その水素をつくるために現在は石炭や天然ガスを使用しています。化石燃料由来のアンモニアを使う限り、完全な脱炭素燃料とはいえません。そこでグリーン水素やブルー水素の今後の供給拡大がカギとなっています。

アンモニアは燃焼時に CO_2 が出ない一方、燃料に含まれる窒素から有害な窒素酸化物（NOx）が出ることが課題ですが、アンモニアを用いた脱硝装置やガスタービンの技術開発によって発生を抑制されてきています。

発電コストは 23.5 円/kWh と水素と比べれば大幅に安いですが、そのほかのエネルギーと比べると高い状況です（**図 17**）。また水素をつくり、その水素からアンモニアを合成するため、エネルギー効率も悪い点が課題です。そのため、電力需給がひっ迫する特定の季節でのエネルギーオプションとしての役割が考えられます。加えて、アンモニアを合成する技術開発も進められており、反応温度を現在のハーバーボッシュ法より下げることで生産時のエネルギー消費の低減も目指しています。

（3）今後の方向性

政府は、脱炭素技術の開発や普及を促す国のグリーンイノベーション基金

	水素発電（2020年時点試算）		アンモニア発電（2018年時点試算）	
製造	海外水素製造 （天然ガス＋CO_2販売（EOR用途）） 11.5円/Nm3		海外水素製造 （天然ガス＋CO_2販売（EOR用途）） 11.5円/Nm3（＝201ドル/トン） 海外アンモニア製造 4.3円/Nm3（＝76ドル/トン）	
輸送	水素輸入 （ローリー輸送＋液化＋積荷＋海上輸送） 162円/Nm3*		アンモニア輸入 （積荷＋海上輸送） 2.3円/Nm3（＝40ドル/トン）	
発電	水素発電機 7万～9万円/kW**		アンモニア専焼設備 46万円/kW　※	（参考） アンモニア混焼設備 29万円/kW
発電コスト	専焼 97.3円/kWh***	熱量ベース （参考）10%混焼 20.9円/kWh***	専焼 23.5円/kWh	（参考）20%混焼 12.9円/kWh

* 事業者ヒアリングに基づき試算
** 富士経済「2020年版水素利用市場の将来展望」水素ガスタービン発電
*** 発電コスト検証WGより試算

※「アンモニア専焼設備」では、既存の石炭火力発電所建設費に加えて、港湾の受入・貯蔵・払出設備追加費、専焼バーナー及びボイラ改修費を含めて試算

• アンモニア製造・輸入コスト：日本エネルギー経済研究所SIP「CCS・EOR技術を軸としたCO2フリーアンモニアの事業性評価」をもとに資源エネルギー庁試算
• アンモニア混焼設備、発電コスト価格：電源開発SIP「火力発電燃料としてのCO2フリーアンモニアサプライチェーンの技術検討」
• アンモニア専焼設備、発電コスト：事業者へのヒアリング等をもとに資源エネルギー庁試算

図 17　燃料アンモニア利用による発電コスト（試算）
出典：経済産業省資源エネルギー庁、「燃料アンモニアサプライチェーンの構築」プロジェクトの研究開発・社会実装の方向性、2021 年 6 月

から最大 700 億円を投じ、2030 年度までにアンモニア 100%発電の技術を確立し、2040 年代に実用化する目標を掲げています。また、2050 年に燃料アンモニアの使用量を 3,000 万 t とすることを目指しています。さらに、アンモニア発電の技術が確立できれば、石炭火力への依存度が高いアジア各国に技術を輸出し、世界の CO_2 の排出量削減に貢献できる可能性が広がると考えています。

（4）世界の動き

■日本と中東との連携強化

産油国のアブダビ（アラブ首長国連邦）では化石燃料からの構造転換に向けて、グリーンアンモニア製造のプロジェクトに取り組んでいます。80 万

kWの大規模な太陽光発電所の電気を使って、水を電気分解し水素をつくります。年間4万tのグリーン水素が製造され、そこから20万tのアンモニアを合成するという計画です。

このように産油国である中東などでエネルギー転換が進む中、生産段階から日本企業が関わることで、供給量の確保を急いでいます。JERAと資源開発企業INPEXは、UAE（アラブ首長国連邦）の国営石油会社と連携。伊藤忠商事は東シベリアからアンモニアを日本に輸送しようと事業化調査を進めています。また、IHIは、マレーシア最大の電力会社、Tenaga Nasional Berhadと提携し、アンモニア発電に共同で取り組む方針です。

ヨーロッパのノルウェーでは、北海の油田をブルーアンモニアプラントへ転換させる事業を進めており、年間300万tの製造を予定しています。またアメリカでは、ルイジアナ州でAir Productsがブルーアンモニアプラントを建設しているなど、世界中でアンモニア製造のプロジェクトが進んでおり、アンモニア燃料が拡大することが期待されています。

送配電網のバージョンアップ

再エネ導入のさらなる加速化が求められる中、電力ネットワークもさらなる変革が求められています。2021年12月、岸田総理大臣は第207回国会での所信表明演説において、「カーボンニュートラルの実現に向けて、社会のあらゆる分野を電化させることが必要であり、送配電網のバージョンアップがその肝となる」と述べました。その後、需要サイドのエネルギー転換の方針や新たな投資につながるビジネス・産業の道筋を示すクリーンエネルギー戦略の策定に向けた議論が始まり、2022年1月の第208回国会での岸田総理大臣の施政方針演説においても、送配電インフラなどの論点について「方向性を見出していく」としました。

エネルギーの自由化の中にあって、電力の送配電網とガスの導管は公共性の高さから規制分野として残されており、それを担う事業者は既存の電力会社から法律にもとづき分離させられていて、「一般送配電事業者」と呼ばれています。一般送配電事業者は、電力供給に伴う送配電線の利用料金を経済産業省の認可を得ることとなっており、これを託送料金制度といいます。この電力ネットワークの整備に必要な投資の確保とコスト効率化の両立を目的とする新たな託送料金制度（レベニューキャップ制度）の詳細について 2021 年 11 月、電力・ガス取引監視等委員会料金制度専門会合において、中間とりまとめが行われました。

一方、電力ネットワークの次世代化に向けて、2021 年 9 月の経済産業省の再生可能エネルギー大量導入・次世代電力ネットワーク小委員会中間とりまとめに沿って、送配電網の新設・増強や、既存設備の有効利用に向けた接続ルールの見直しなどの各施策が進められています。さらには、将来的な導入見込みも踏まえた再エネの供給地と需要地をつなぐ地域間連系線の整備が重要です（**図 18**）。

送配電網の増強については、2022 年度のマスタープランのとりまとめに向けて、資源エネルギー庁と電力広域的運営推進機関が共同で事務局を務める「広域連系系統のマスタープラン及び系統利用ルールのあり方等に関する検討

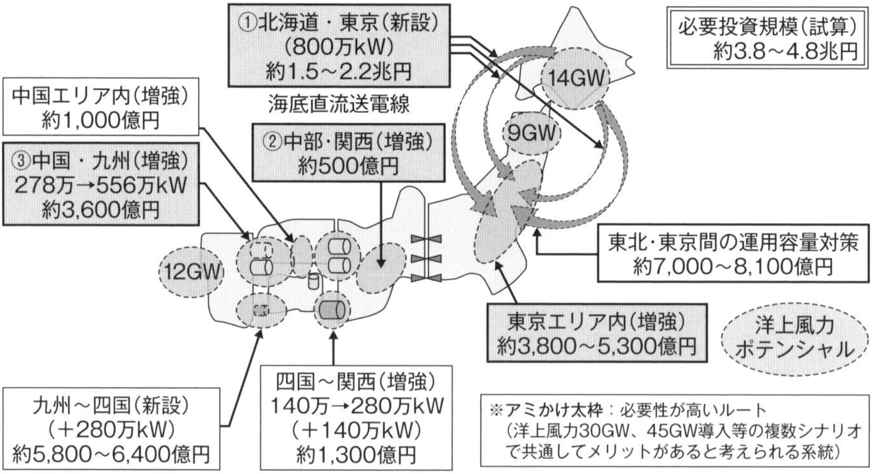

図 18　マスタープランに基づく地域間連系線等の増強

出典：経済産業省総合資源エネルギー調査会省エネルギー・新エネルギー分科会／電力・ガス事業分科会再生可能エネルギー大量導入・次世代電力ネットワーク小委員会、制度的な検討を要する論点の整理、2022 年 10 月

委員会」を中心に詳細設計が行われ、「広域系統長期方針」が公表されています。

また、系統に接続している電源は、需要や気象状況（日照・風況）に合わせて稼働するため、常に送変電設備の容量を使いきっているわけではありません。送電線などの送変電設備の空いている容量を活用し、新しい電源をつなぐ方法をノンファーム型接続といいます。ノンファーム型接続では、送変電設備の空いている容量を活用することから、送変電設備の事故や故障などがない平常時であっても、空いている容量の減少に応じて出力制御が行われます。

平常時に発電するために必要な容量が確保されている従来の接続方式をファーム型接続と呼んでいます。一方、必要な容量が確保されていない接続方式をノンファーム型接続と呼んでいます(図19)。

ノンファーム型接続については、2022年4月に空き容量のある基幹系統にも拡大され、ローカル系統についても、2023年4月から受け付けを開始しました。ノンファーム型接続の適用が始まった基幹系統における混雑処理については、従来の先着優先に代わり、S＋3Eの観点から限界費用などを踏まえた出力制御(再給電方式)が採用されます。

こうした中で、さらなる送配電網の増強に向けて、

- 北海道から本州に電力を供給する海底直流送電に関する検討
- 再エネ大量導入に向けた配電網などのローカル系統の増強の在り方

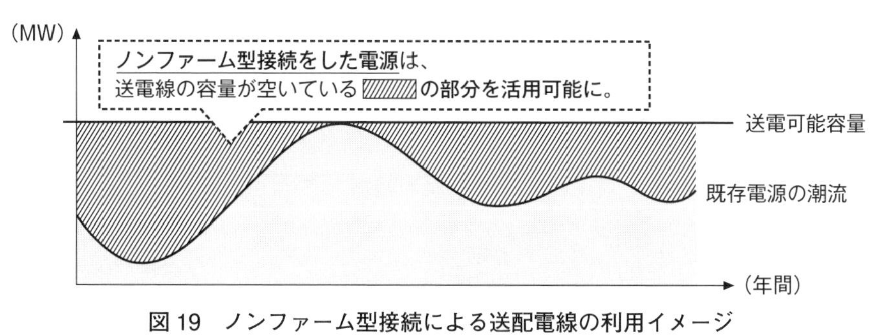

図19　ノンファーム型接続による送配電線の利用イメージ

出典：経済産業省総合資源エネルギー調査会省エネルギー・新エネルギー分科会／電力・ガス事業分科会再生可能エネルギー大量導入・次世代電力ネットワーク小委員会、制度的な検討を要する論点の整理、2022年10月

• ノンファーム型接続の適用の課題

が重要な論点とされています。

また、地域間連系線などの費用回収については、その連系線のもたらす便益に応じて、各エリアの託送料金に加え、使用期間にわたって全国の託送料金や賦課金方式により回収する全国調整スキームを導入するなど、連系線の費用便益評価に応じた費用負担の検討も進んでいます。また、ローカル系統の増強などの計画についても、一定の増強規律である費用便益評価のもとで判断され、当該増強等に関わる費用については、特定の発電事業者が受益することではないとの判断から、全額一般負担での増強が進められることになりました。

さらに、ローカル系統へのノンファーム型接続適用にあたっては、系統混雑による再エネ電源の出力制御量が徐々に増加していく可能性があるため、ローカル系統は基幹系統と異なる特徴を有している点を踏まえつつ、制御対象、出力制御方法等について方向性などを検討することとしています。

ノンファーム型接続を前提とした系統接続の事業性判断の根拠ともなる系統容量の見通しや、燃料種別の発電実績などについては情報公開が求められるので、その情報の整理の仕方や公開方法についても検討することとしています。

余剰再エネなどを活用した新たなビジネスとしての系統用蓄電池や、水電解装置による国産水素の製造などの促進のあり方を検討するとともに、既存の需要設備を活用して市場からDR（デマンドレスポンス）の調達や、小売料金や託送料金のメニューとして、出力制御時間帯に安くするなどの需要と料金が連動するような制度の設計も行うこととしています。

非電力セクター（燃料直接利用）の代替手段

日本の産業・民生部門のエネルギー消費量の約6割は熱需要です。熱は国民生活に欠かせないものであり、2050年のカーボンニュートラル実現に向けて、需要サイドに熱エネルギーを供給するガスの脱炭素化を進めることにより、熱需要の脱炭素化に貢献できます。

ガスの脱炭素化に向けては、再生可能エネルギー由来等の水素とCO_2から合成（メタネーション）される合成メタンや水素の直接利用などが考えられ、これら熱需要の脱炭素化に向けた取り組みを進めることで、カーボンニュートラルを達成した次世代の熱エネルギーを供給する産業（次世代熱エネルギー産業）が誕生します。

この次世代熱エネルギー産業の実現に向けては、熱エネルギーや燃料の供給者の取り組みだけでは達成することが困難です。ガスの脱炭素化は、電化が困難な熱需要の脱炭素化に大きく貢献するため、次世代の熱エネルギーを利用する需要サイドの取り組みと一体化が必要となります。電化の場合は、発電側の脱炭素化に向けた取り組みと需要側の電化を可能であれば一体で行うのが望ましいものの、必ずしも同時に行わなくても送配電網が鎹《かすがい》となり供給者と需要をつないでいるため、各々が独自に取り組むことを可能にしています。電化と非電力の脱炭素化に向けた取り組みの大きな違いはここにあります。

2050年カーボンニュートラルの実現に向けて、以下の取り組みを通じて、次世代熱エネルギー産業の実現を目指すとしています。

供給サイドのカーボンニュートラル化（ガスの脱炭素化）

【現状と課題】

ガスの脱炭素化は、合成メタンや水素の直接利用、クレジットでオフセットされたLNGの導入、CO_2の分離・回収や利用等の技術の活用などの手段が存在します。2050年カーボンニュートラルの実現に向け不確実性が高いことを踏まえ、今はこのような様々な手段をそれぞれ追求していくことが必要です。

この中で合成メタン（メタネーション）は、水素キャリアの1つとして期待されています。都市ガス（天然ガス）の主成分はメタンであり、合成メタンは都市ガス導管などの既存のインフラや設備を活用して天然ガスを代替することができるため、2050年カーボンニュートラルに向けてコストを抑えつつ、より円滑な移行への貢献が期待できます。

また、排出されるCO_2を回収してグリーン水素と組み合わせた合成メタンは、CO_2が循環するカーボンニュートラル手段となります。この循環サイクルを蓋然性の高いものにするためには、大気への放出前にCO_2の分離・回収や利用などと組み合わせることが必要になります。

ガスの供給にはガス導管・配管が用いられます。ガス導管は埋設されていることから風雨の影響を受けにくく、多くは耐震性も備えていることからレジリエンスにも期待されます。また、電力網と合わせてエネルギーネットワークの多様性を確保することによりエネルギーの安定供給の複線化を担っています。

メタネーションの技術については、NEDOにおいて2017～2021年度にかけて小規模試験設備でメタネーションを行う基盤技術開発が実施され、2019～2020年度にかけて水素の調達を必要とせず、従来のメタネーション技術より高効率に合成メタンを製造できるSOECメタネーション技術などの基盤技術開発も行われています。

今後、メタネーションの実用化・低コスト化に向けた設備の大型化や高効率化などの技術開発が必要になるといわれています。また、メタネーションには安価な水素とCO_2の調達が必要であり、サプライチェーンの構築が課題となります。

ただし、CO_2の排出量やCO_2の削減量の算定方法については、まだ確立されていません。メタネーション化しても燃焼時にはCO_2の排出が伴うため、CO_2の回収と排出、さらにはCO_2を受け渡す事業者間でいずれに排出が帰属するかなど取り引きの仕組みや標準化手法などの明文化、さらにそれが国際的に認められる手法である必要があります。タクソノミーなどを推し進めるヨーロッパでは、このような多様性のある評価手法について理解を示すか不確実なところがあります。

このほか、大手ガス事業者を中心に、クレジットでオフセットされたLNGを需要サイドに対して販売する取り組みが開始されています。また、ガス事業者などにおいて、需要サイドで排出されるCO_2を分離・回収して利用するCCU／カーボンリサイクルの技術開発が進められています。2050年に向けて様々な選択肢を追求するとともに、ガス体エネルギーの変遷、需要の量・分布などに応じてネットワークを整備し、次世代の熱エネルギーの供給を行うことが必要となります。

地域においては、トランジション中は再生可能エネルギーとガスコージェネレーションの組み合わせにより、熱と電気をデジタル技術で制御し、面的に利用することで熱の有効利用を含む省エネルギーと CO_2 削減に貢献するスマートエネルギーネットワークの取り組みを進めるガス事業者もいます。分散型エネルギーシステムは、出力が変動する再生可能エネルギーの調整力としても期待できるとともに、エネルギー源・エネルギーネットワークの多様性の確保が可能となり、地域におけるレジリエンスの向上にも期待されます。

Power to Gas ー再エネからの水素製造

合成メタンに加えて、水素も熱需要の脱炭素化に資する有望な選択肢です。既存のガスインフラを活用する点で、メタンの合成方法を中心に記述してきましたが、水素の直接利用にも期待がもたれています。メタネーションでも発電用の燃料アンモニアでも合成するための原料として必ず水素が必要になります(図 20)。

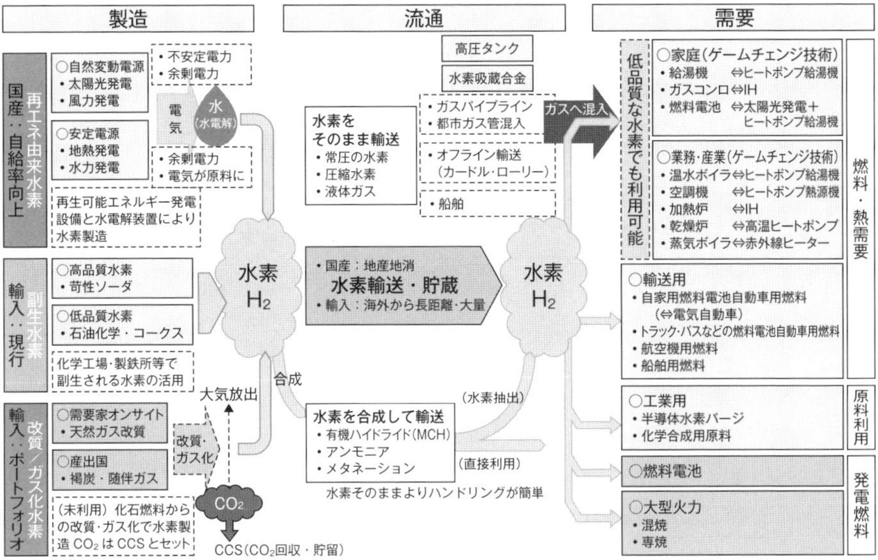

図 20　水素エネルギーのサプライチェーンイメージ

インフラ整備に関わる追加費用が比較的軽微と考えられる臨海部などのローカルエリアで期待されています。新設する中・低圧のガス導管での水素供給は、現行のガス技術基準での適合が確認されているほか、一部の地域において、水素コージェネレーションシステムにより熱・電気の供給に向けた取り組みが行われています。水素導管を整備した地域で水素を燃焼させて得た蒸気等による熱エネルギー供給により、需要サイドの脱炭素化も可能です。

今後、再生可能エネルギーの主力電源化が進み、再生可能エネルギーの余剰電力などから水素や合成メタンを製造するようになれば、電力を貯蔵・活用することが可能となります(Power to Gas：PtoG)。

このため、2050年カーボンニュートラルとデジタル化に向けて、電気をコントロールしてガスを製造する分散型エネルギーシステムによって電気とガスの融合が図られていくと思われます。

ただし、水素エネルギーは二次エネルギーであるがゆえ製造方法によって品質や環境性などに差が生じます。中でも製造から消費に至るまでエネルギー起源でCO_2が発生しない水素は、「水素発電」の項目で記述したとおり、化石燃料改質水素との差別化を図るために「グリーン水素」や「CO_2フリー水素」と呼んでいます。

ドイツでは、エネルギー転換政策（Energiewende）に基づき再生可能エネルギー普及に力を入れています。このエネルギー転換政策によって再生可能エネルギーによる発電設備には様々なインセンティブが与えられ、急速な伸びを示した一方、発電設備と接続する電力系統にはインセンティブが与えられていないことから、再生可能エネルギーを利用する発電設備の増加に電力系統が追従できず、電力の安定供給に支障を来すようになりました。その結果、発電した電力が活用できないという新たな課題を引き起こしました。

余剰電力の対策としては電力系統の容量を増強する方法もありますが、送配電線の増強には、用地取得から竣工まで時間を要することと、それに伴う費用が必要なため、現実的に増強には限度があります。このため、再生可能エネルギーを貯蔵する技術として水素に注目し、同じガス体エネルギーであり膨大な供給容量とネットワークが整っている天然ガスの供給網の活用に着目したのです。このガス供給網に電力から変換した水素を混入することで、再生可能エネルギー発電設備の稼働率向上とロシアからの輸入に依存していた天然ガスの代替を目指しています。すなわち、ドイツでは水素エネルギーを需要側での化石燃料（特にロシア産天然ガス）の削減対策としてPtoGに力を入れています（**図21**）。

日本では初期の検討ではPtoGを電力貯蔵技術として活用することを模索していました。ただし、充放電ロスが他の電力貯蔵技術に比べて多いことが課題です。電気を水素に変換する工程、利用時に電気に変換する工程、この2回のエネルギー変換工程が充放電ロスを倍増してしまうためです。この場合、得られる電力量は水素を製造するために消費した電力量の4割程度まで目減りするという報告も公表されています（**図22**）。

将来、再生可能エネルギー起源の電力が無尽蔵につくられる時代が訪れればこの充放電ロスは不問ですが、再生可能エネルギー発電所の稼働率の向上が求められる中、この充放電ロスを低減させることも重要な課題であるとい

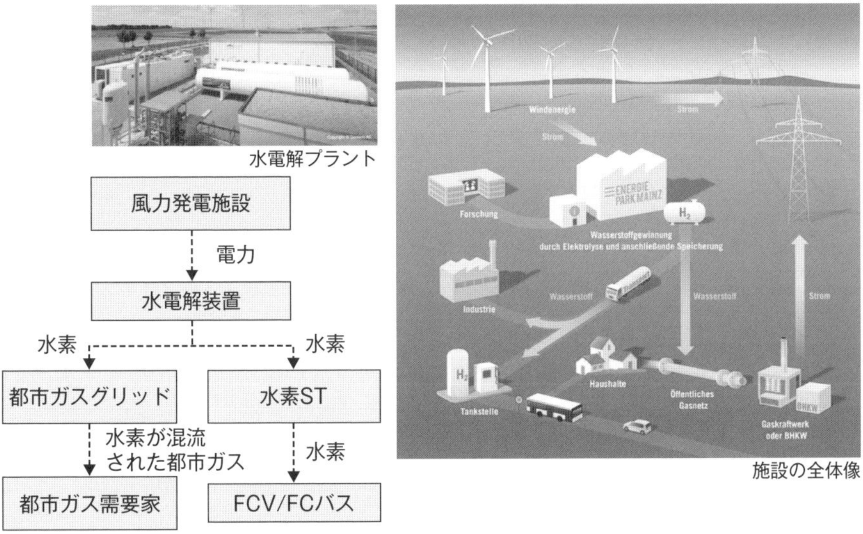

図21　ドイツにおけるPtoG実証取り組み事例

出典：経済産業省、第5回水素・燃料電池戦略協議会、平成27年11月11日

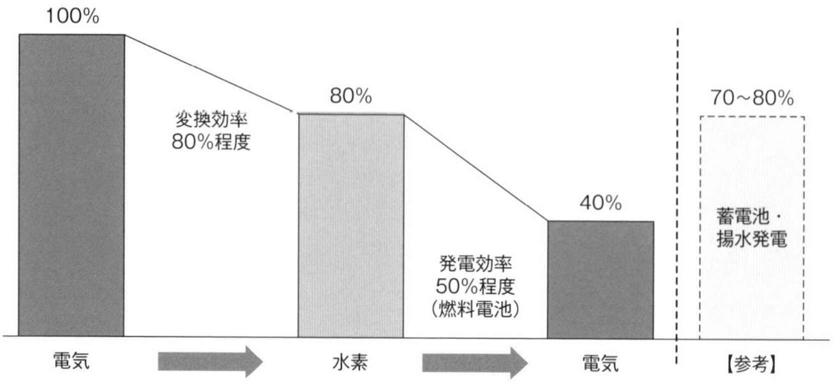

図 22　PtoG のエネルギー効率

出典：IEA、Technology Roadmap Hydrogen and Fuel Cells（2015）をもとに著者作成

えるでしょう。したがって、再生可能エネルギー起源の電力は貯蔵することなく、そのまま電力として利用することを優先し、系統電力の品質を低下させる懸念がある変動電力や経済価値の低い時間帯での余剰電力を中心に水素へ変換するケースが妥当だと思われます。

また、水素エネルギーは蓄電池に比べて物質的に劣化や放電しないことから、中長期的なエネルギー貯蔵に向いています。

次に水素を消費する側ですが、「産業」の項目で記述した通り、純水素ボイラを導入する方法があります。しかし、必ずしも純水素にこだわる必要はなく、すでに設置されているボイラなど既存設備・インフラを活用する方法として、都市ガスとの混合も現実的な手段といえます。

この場合、メタネーションでも記述した通り、ガス機器側が水素混入後のガスに対応していなければなりません。さもなければ、すべてのガス機器を交換せざるを得ません。2021 年 4 月に取りまとめられた経済産業省は「2050 年に向けたガス事業の在り方研究会」では、決められた熱量でガスを供給する標準熱量制と一定のバンドで熱量を変化させて供給する熱量バンド制の経済性が検討されました。ヨーロッパでは様々な種類のガスが混入されることもあり、熱量バンド制が導入されているので、日本でも今後、メタネーションなどこれまでの都市ガスの熱量より低い熱量のガスが注入されることを踏まえて検討がされたところです。結果は、熱量バンド制導入によりガス利用機器の交換などで需要家の経済的な負担は数兆円と試算され、引き続き標準熱量制を継続し、段階的に標準熱量を下げていく方針となっています。水素を混入する場合は熱量バンド制の方が適していると思われますが、ガス機器の交換を極力避けることが水素エネルギーの初期の需要喚起につながると思われます。

化石燃料に水素を混入させて利用する場合、安全面を不安視する意見もあると思いますが、ガス会社が約款などで設定する供給熱量とは別に、ガス機器については「ガス用品の技術上の基準等に関する省令」により規定されています。

都市ガスの規格も同省令に謳われており、燃焼速度（MCP）と燃焼性指数の1つであるウォッベ指数（WI）の範囲で種別分けすることが定義されています。都市ガスの主流である13AはMCPが35～47、WIが52.7～57.8の間で定義されています。

13Aの発熱量を都市ガス事業者間で比較すると、首都圏の都市ガス事業者は45MJ/Nm^3ですが、東北地方では秋田県内の油田から採掘される発熱量の高い天然ガスを主として用いているため50MJ/Nm^3を約款に謳う事業者もいます。同様に、中越地方では42MJ/Nm^3を約款に謳う事業者もいます。同じ13Aでも事業者の間で約款に定める標準熱量に10%以上の差が生じています。

水素の高発熱量は12.8MJ/Nm^3であり、単位体積当たりの発熱量が13Aに比べて約1/3であることから、都市ガスに10%（体積比）の水素を混入すると発熱量の減少は7%程度になります。東北地方の50MJ/Nm^3の都市ガスに水素を10%混入した場合、首都圏の都市ガスの発熱量に近づく計算になります。また、13Aの代表的な発熱量である45MJ/Nm^3の場合、最大22.2%まで水素を混入することが可能になります（**図23**）。

このように13Aの基準も維持できることから水素の都市ガスへの混入によって生じる課題は技術的に少ないものと思われます。もちろん、「ガス事業法」を整備することや熱量調整における規制緩和等、法令・規制面における整備も必要と思われますが、技術的に課題が少ないのであれば、化石燃料

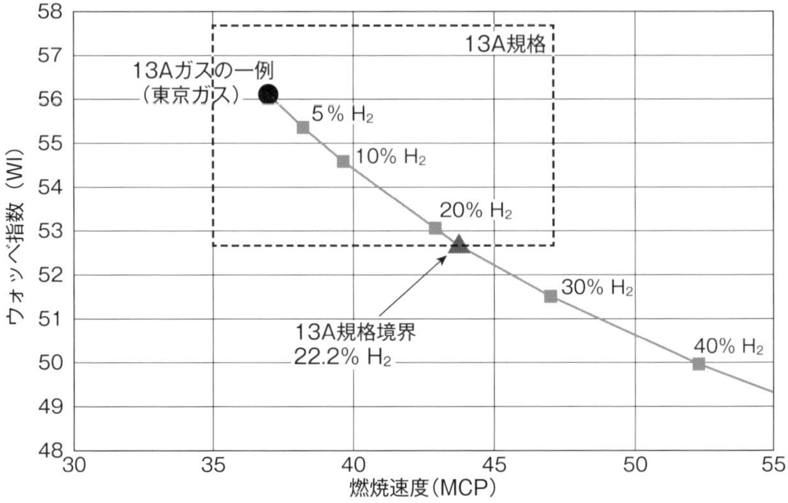

図 23　都市ガス（13A）の規格と水素混入量

の消費を削減する方策として標準熱量制を維持しつつ都市ガス混入を検討することが必要だと思われます。

消費者が各々需要場所で都市ガスと CO_2 フリー水素を混合させていては、当然非効率になります。需要家側の設備に変更を加えない方法として、ヨーロッパのように天然ガス導管に水素を混入し、そのままガス導管で供給できれば効率的に水素供給ネットワークの構築ができます。既存のインフラを利用することで水素の輸送に関わる費用を抑えることもできます(**図 24**)。

現在、水素は化石燃料に比べ割高であり、このままでは普及が見込めません。政府も 2017 年にまとめた水素基本戦略で、商用開始時に海外から 30 円/Nm^3（CIF 価格）以下での水素の輸入を目指すとしました。その後、第 6 次エネルギー基本計画で 2030 年に 30 円/Nm^3（CIF 価格）、2050 年には 20 円/Nm^3 以下に低減し、長期的には化石燃料と同等程度の水準までコストを低減することと同時に、現在約 200 万 t/年と推計されている水素供給量を 2030 年に最大 300 万 t/年、2050 年には 2,000 万 t/年程度に発電用も含めて拡大することを目指すとしています。

太陽光発電の普及には FIT が導入されました。水素の普及にも事業者の

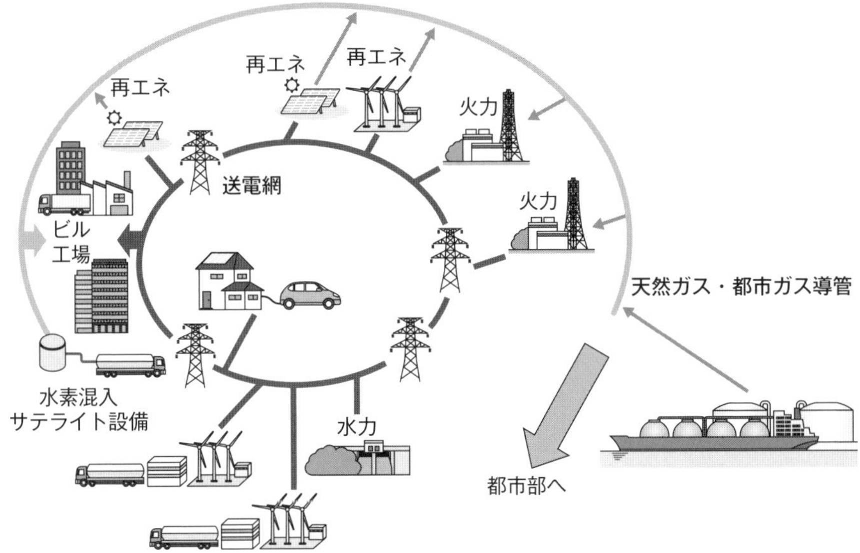

図 24　既存ガスインフラを活用したエネルギーネットワークイメージ

中からファーストムーバーを生み出すために事業の予見性を高める支援制度が必要だと思われます。

イギリスは、2020 年 11 月発表の「10 ポイント計画」において、2030 年までに 500 万 kW の水素製造能力を確保する目標を立てています。そして、これに向けた水素開発のサポート方法として、差額決済型固定価格買取制度（FIT-CfD）の採用を検討しています。FIT-CfD により天然ガスと相対的に水素を優遇することで、水素活用を促しながら投資を呼び込み、開発を加速させることになるとしており、具体的な枠組みの検討が進んでいます。

日本でも 2022 年に立ち上がった「省エネルギー・新エネルギー分科会 水素政策小委員会／資源・燃料分科会 アンモニア等脱炭素燃料政策小委員会合同会議」で同様の支援制度が議論されています。

国内での PtoG 実証は、小規模から大規模までいくつもの取り組みが進められています。中でも 1,000 kW 以上の大規模実証事業は、経済産業省と NEDO が 2016 年度に公募した「水素社会構築技術開発事業／水素エネルギーシステム技術開発」で採択された福島県浪江町のアルカリ水電解方式と山梨県甲府市の固体高分子方式の2か所です(**図25**)。

日本の最終エネルギー消費の約75%を占める燃料の需要においては、バイオマス燃料など、ごく限られたCO_2フリーの燃料しか存在していません。2016年度に経済産業省の水素・燃料電池戦略協議会の傘下で開催されていたCO2フリー水素WGでは、再生可能エネルギーによる発電の余剰や電力系統の安定化策として主に「電力貯蔵技術」としての在り方が論点となりました。しかし、議論を重ねていく中で、日本における温室効果ガスの削減に向けた取り組み策として、熱需要におけるCO_2フリー水素の利活用にも注目が集まりました。

CO_2フリー水素を製造するPtoGシステムが将来普及することによる社会的メリットとしては、

- 出力が不安定な再生可能エネルギーの電力が安定化するため、送配電系

国内にはMW規模の水電解装置を導入した再エネ水素事業が2件ある[*1]

	水電解装置容量(MW)	メーカー	進捗状況	実施場所
Green Hydrogen for Glasgow	20	ITM Power	2021年~実証·2023年~商用	英国(グラスゴー)
Becancour Plant	20	Cummins/Hydrogenics	2019年~実証·2021年~商用	カナダ(ベカンクール)
Puertollano plant	20	Nel	2022年~実証	スペイン(プエルトリャノ)
HySynergy	20	Nel	2021年~実証·2022年~商用	デンマーク(フレゼレシア)
Hydrogen Holland I	20	Thyssenkrupp	2022年~実証·2024年~商用	オランダ(ロッテルダム)
REFHYNE	10	ITM Power	2018年~2022年実証	ドイツ(ヴェッセリング)
FH2R	10	東芝エネルギーシステムズ、旭化成	2016年~2020年実証	日本(福島県浪江町)
Energiepark Mainz	6.3	Siemens	2018年~商用	ドイツ(マインツ)
H2Future	6	Siemens	2017年~2021年実証	オーストリア(リンツ)
WindH2	2.5	Siemens	2021年~実証	ドイツ(ザルツギッター)
HAEOLUS	2.5	Cummins/Hydrogenics	2021年~2023年実証	ノルウェー(バランゲル半島)
Windgas Falkenhagen	2	Cummins/Hydrogenics	2016年~2020年実証	ドイツ(ファルケンハーゲン)
Carbon2Chem	2	Thyssenkrupp	2018年~実証	ドイツ(ノルトライン·ヴェストファーレン)
Windgas Hanburg	1.5	Cummins/Hydrogenics	2015年~商用	ドイツ(ハンブルグ)
BIG HIT	1.5	ITM Power	2016年~2022年実証	英国(オークニー諸島)
H2-YES	1.5	日立造船 (セルは東レ)	2016年~2020年実証	日本(山梨県甲府市)
DEWA Green Hydrogen Plant	1.25	Siemens	2021年~実証	UAE(ドバイ)
Windgas Hassfurt	1.25	Siemens	2016年~商用	ドイツ(ハスフルト)
HyBalance	1.2	Cummins/Hydrogenics	2015年~2020年実証	デンマーク(ホーブロー)
PosHYdon	1	Nel	2019年~実証	オランダ(スヘフェニンゲン)
Western Sydney Green Gas	0.5	Cummins/Hydrogenics	2020年~商用	オーストラリア(ニューサウスウェールズ)
Frankfurt am Main	0.315	ITM Power	2014年~2017年実証	ドイツ(フランクフルト)
環境省・白糠町PJ	0.2[*2]	東芝エネルギーシステムズ	2015年~2020年実証	日本(北海道白糠町)
Ibbenburn	0.15	ITM Power	2015年~実証	ドイツ(イッベンビューレン)
Don Quichote	0.15	Cummins/Hydrogenics	2018年~商用	ノルウェー(ベルレボーグ)
環境省·富谷市PJ	0.05[*2]	神鋼環境ソリューション	2017年~2021年実証	日本(宮城県富谷市)
環境省·京浜臨海部PJ	0.05[*2]	東芝エネルギーシステムズ	2015年~2020年実証	日本(神奈川県横浜市)
環境省·北九州市PJ	0.05[*2]	神鋼環境ソリューション	2020年~2022年実証	日本(福岡県北九州市)
環境省·能代市PJ	0.013[*2]	三菱化工機、高砂熱学工業	2018年~2021年実証	日本(秋田県能代市)
環境省·室蘭市PJ	0.005[*2]	神鋼環境ソリューション	2018年~2021年実証	日本(北海道室蘭市)

*1:国内の注目動向について、新エネルギー・産業技術総合開発機構(NEDO)の再エネ水電解装置事業(FH2RとH2-YES)及び環境省「地域実証・低炭素水素技術実証事業」・「既存の再エネを活用した水素供給低減コスト化に向けたモデル構築・実証事業」の再エネ水電解装置事業を抽出。なお、新エネルギー・産業技術総合開発機構(NEDO)事業の詳細(事業目的、事業者、実施時期や事業規模等)を後述　*2:容量(MW単位)はNm^3/h単位の公表値より換算(1MW=200Nm^3/h)

図25　脱炭素化に向けた水素利活用に関わる国内外の動向

出典:環境省、水素社会実現を目指す官公庁の取組

統への影響が軽減し、再生可能エネルギーの導入が促進される
- ピーク出力が抑制され、送配電設備の合理的な設備構成の可能性
- 余剰電力をガスに変換し、用途の多様性を図ることで、CO_2 排出量削減に大きく寄与
- 地域エネルギーの自立に対し投資を誘導することで、内需を活性化し、海外への富の流出を防ぐとともに、日本の持続的な発展に必要となる地方創生に資する

ことが考えられます。

電気だけでなく、石油・ガスなどの化石燃料や熱需要の CO_2 フリー化は、温室効果ガス削減という地球規模の課題解決のために必要な対策です。2050年でのカーボンニュートラルを踏まえると熱需要の CO_2 フリーへの要請が一層高まることが想定されます。

しかし、これだけのエネルギー需要を太陽光発電や風力発電で満たすには、発電所を設置する立地が現実的な課題となります。すでに国内においては、FIT 開始以降、様々な自治体や事業者が再エネ発電を検討しており、未着手の地点はかなり少なくなっています。

そのため、新たな立地として海洋に注目が集まっています。ヨーロッパでは、北海をはじめ洋上風力による発電事業が進みつつあり、国内でも銚子沖や秋田県沖で風力発電の公募が行われています。発電した電力を送るための送電線と接続するためには、洋上風力は沿岸部に限定されてしまいます。

もし PtoG の技術が確立した場合、陸上の送電線と連系するという制約から解放されます。風況の良い沖合でも事業としての可能性が高まってきます。日本は世界第5位の排他的経済水域を有しており、この地勢的な優位性を活かせば、海洋が新たな再生可能エネルギーの製造拠点となる可能性を秘めています。

需要サイドの熱需要に対して供給してきたガス体エネルギーは、ガスだけでなく再生可能エネルギーなどの多様なエネルギー源も活用し、需要サイドが求める様々な熱・電気のニーズに応じることが期待されています。

4のまとめ

ビジネス

「エネルギーダイナミクス」を意識する

本書を執筆している最中もエネルギーを取り巻く状況には「想定外」が起こり続けています。ロシアのウクライナ侵攻、急激な円安、コロナからの世界的需要回復による資源不足、それに伴う政府やエネルギー企業の混乱。

日本企業は政府と連携しながら、これらの想定外に対して果敢に対応しています。想定外なことが起こっても挫《くじ》けることなく努力する。加えて、今回のことを教訓に、できる限り将来に対して複数のシナリオを検討し、想定外を減らしていく努力がなされています。

しかし、それでも想定外は今後も起こり続けるでしょう。来年、再来年が今よりも安定しているとは誰にもいいきれません。むしろ昨今の世界情勢を考えると、混沌とした状況が今後も続くと考えるほうが妥当かもしれません。将来に対して複数のシナリオを検討することは必要な対応であり、前提です。加えて、「起こり続ける想定外を受容し超えていく知恵」もつけなくてはいけません。

今ある混沌は、今後も続いていく、エネルギーが「ダイナミック」に変わっていく時期と捉えてはどうでしょうか。そして、ビジネスを進めるうえで「エネルギーダイナミクス」という新しい考え方を意識してみてはどうでしょうか。エネルギーを取り巻く状況は「ダイナミック（可変）」である、一度決めたことに縛られずに臨機応変に対応していく時期であると捉え直すのです。エネルギーダイナミクスを肝に銘じることで、同じ現象もこれまでとは異なった景色に見えるでしょう。

企業はエネルギーダイナミクスに対応できるよう、ビジネスモデルを日々進化させることが大切です。このタイミングでは、一度決めてしまうとなかなか変えられない構造、スピードについていけない仕組み、予見性がないと進められないような施策については、技術的に優れていたとしても不向きです。そういった施策の優先順位を下げ、むしろ柔軟性の高い、機動力のある組み換え可能な施策を選んでいく。大規模投資、長期間投資が必要な際も「ダイナミクスに呼応できる柔軟性をいかにプロジェクトの中に組み込んでおくか」を真剣に検討するとよいのではないでしょうか。

技術

エネルギー供給：カーボンニュートラル時代の発電と燃料―水素・アンモニア

エネルギーは国民生活や経済活動の基盤をなすものです。日本で高度経済成長が始まった1950年代に石油の導入が進み、さらには1960年代から原子力の開発・導入も進んできました。安定したエネルギー供給の下支えのもと、産業が大きく成長し、国民生活は大変豊かなものとなりました。しかし、経済成長はエネルギーの消費も著しく増加させました。

資源小国の日本にとっては、石油をはじめとするエネルギー資源の大部分を海外に依存していること、いまだにエネルギー供給の5割を石油が占め、しかも政情の不安定な中東への依存度が9割近くまで達していること、島国であるために海外からの電力の輸入を期待することが困難であることなどによりエネルギーの安定供給の確保は依然として重要な課題として位置づけられています。

一方で、エネルギーの消費は化石燃料の消費を伴うことから、化石燃料の燃焼によって生み出されるCO_2、すなわち温室効果ガスを多く排出します。まずはエネルギーの効率的利用（エネルギー使用の合理化）や無駄をなくすことで、不必要な消費を抑制する省エネルギー対策が重要になります。そのうえで供給するエネルギーのカーボンニュートラル化に向けた取り組みが、供給設備の投資も抑えられ、効果的だと考えます。

様々なエネルギー供給のうち、電力は再生可能エネルギーや原子力といった実用段階にある脱炭素電源が存在するため、これらの電源を用いて着実に脱炭素化を実現することが求められています。2050年、カーボンニュートラルが実現した社会では、産業・業務・家庭・運輸部門における電化の進展により、電力需要が一定程度増加することが予想されています。この電力需要に対応するためには、すべて同じ発電技術で対応することは困難です。太陽光発電・風力発電・原子力発電といった既存技術に限らず、水素やアンモニア発電さらには化石燃料の火力発電所を維持していく場合は、CO_2を回収し貯蔵・再利用するCCUSを前提とした火力発電のイノベーションも期待されます。

新たな投資や技術の導入には、投資の回収が見込まれるように一定の電力需要の増加も必要です。電化の推進と電源の非化石化の両輪がカーボンニュートラルに向けた取り組みといえるでしょう。

5

マイクログリッド、セキュリティ

社会インフラとエネルギー

一般的にどのようなものでも需要と供給があります。特に現在のような大量生産の社会では、工業地帯の工場でつくられた製品が供給され、都市部の店舗などを通じて消費者の需要を満たすように、生産と消費が分かれています。この生産と消費をつなぐ役割を果たしているのが物流のネットワークです。エネルギーも発電所やガス製造工場・サテライト基地から供給され、ビルや住宅など都市部の需要場所で消費されており、それをつなぐ役割を果たすのが電線やガス管です。さらには電線やガス管に限定せず、トラックや船舶等で燃料を運び、ガソリンスタンドなどを通じて燃料を供給する方法も含めて、これらはエネルギーネットワークと呼ばれています。道路や橋、水道なども併せて社会の基盤となる施設や設備のことをインフラストラクチャー（インフラ）といいます。

現在の社会はこのインフラが高度に発展しているため、需給のバランスを維持する柔軟な仕組みが構築されています。しかし、インフラへの投資は将来の経済成長を先取りして行われることが多いため、将来の姿がある程度予見されていることが重要になります。成熟した社会では経済成長が鈍化するため、インフラへの投資となる将来の収入を安定的に確保するための社会の制度が不可欠です。長期にわたり常に経済成長が続く予測では、インフラ投資の原資の確保が困難になるため、インフラの高度化どころか現状を維持することすらままならないことが懸念されます。

日本では1960年代からの高度経済成長時に建設された道路・橋梁や水道などのインフラが約半世紀を経過し、現在、その老朽化が問題となり始めています。急激な高齢化と少子化による人口の伸びの減速と労働人口の比率低下が税収の伸び悩みを引き起こし、高齢化による医療・福祉など新たな財政支出が増加することで、インフラへの投資に向けた財源の確保が一層深刻化しています。これは、エネルギーの需要もピークアウトを迎えつつある電力網やガス配管網、ガソリンスタンドなどエネルギーインフラでも同様のことがいえます。

また、昨今の自然災害では多くのインフラが被災し、その復旧が課題となっています。インフラの種類ごとに寸断されている期間、地域、規模などが異なることにも私たちは気づかされたところです。

エネルギーを取り巻く環境は、1990年代後半から電力・ガスの自由化が始まり、再生可能エネルギーの普及、パリ協定を踏まえた地球温暖化問題への対応など、大きな変革期を迎えています。

電力自由化は需要家が電力小売会社を自由に選択できることだけではなく、特定送配電事業など既存の電力会社の送配電網以外でも電力供給を行うことを可能にしました。規制の時代にはインフラ事業者と需要家との間で責任が明確に区分されていましたが、自由化や規制緩和により自治体・企業・需要家、さらにはインフラ事業者も一体となって必要な設備を形成することも可能になりました。平常時では高い省エネルギー性や扱いやすさを追求し、非常時では事業の継続に向けてロバスト性を高めていくといったこともできるようになっています。

また、コロナウイルスによって人やモノの移動が制限されることや、ウクライナ情勢により資源や燃料そのものが供給されないという、これまでの経済成長を逆行するような、想像をはるかに超える事象が発生するようになりました。様々な災害や情勢変化に向けて対策を講じなければ社会が維持できないという新たな時代が到来したともいえます。

特に、電気は電力ネットワークが被災すると停電が発生します。電気の課題は蓄えることが難しいことです。燃料は石油危機の教訓から輸入が途絶した場合でも、一定期間の経済が維持できるように備蓄が進められてきました。カーボンニュートラル化に向けて進める電化は逆に非常時は脆弱化するおそれが生じます。すなわち、電化を進めるのであれば、電力供給のバックアップ対策も同時に行わなければ、非常時に社会の混乱を引き起こすことになりかねません。これに対し、昨今、大量に導入が進む、ルーフトップに設置した太陽光発電が役立つ可能性が出てきました。

太陽光発電は大型の発電所とは異なり、どこにでも設置することが可能です。このようなどこにでも設置できる発電設備を、火力発電や原子力発電のような大規模集中発電に対して分散電源と呼びます。もちろん大規模な敷地で発電させるメガソーラーもありますが、メガソーラーも手で持ち運びが可能な大きさの太陽光パネルを大量に敷きつめたものなので、分散電源を大量に設置していることに過ぎないといえるでしょう。このように発電する場所が大規模集中発電に比べて自由度が高いことが特徴です。

しかしながら、太陽光発電だけですべての需要をまかなうことは不可能です。普段は電力ネットワークと接続されているため、発電しない夜間でもネットワーク経由で電力がバックアップされているので、生活するうえで困ることはないのです。ところが停電が発生した時は、そのバックアップのネットワークから電力が来ないため、太陽光発電だけあっても実は停電解消には役立ちません。停電とは、電力が不足して供給できないのではなく、実は、漏電が発生していたり、交通事故で配電線が断線したり、何かしらの影響で電気の事故が発生した時に電力の供給を停止し、安全を確保することです。例えば火事の場合、被覆が焼け落ちて銅線が裸になっているような状況で電気を供給し、消防士が消火活動を進めると、感電による二次被害が発生してしまいます。

太陽光発電装置にはそのような事故が起きた時を想定し、停電時には発電をしないようなリレーが組み込まれています。そのため、停電している時は太陽光発電があっても電気が供給されないのです。

しかし、自分のところには被害がなく、安全が確保されているのであれば、発電しても問題ありません。一般的には一定規模以上のビルやマンションなどでは非常用の発電機が設置されています。消防法で発電機の設置が義務づけられている施設もあります。消防法で義務づけられている発電機以外で建物の機能を維持させるための発電設備をBCP（事業継続計画）電源と呼んでいます。一般的にエンジン式の発電機が用いられますが、せっかく設置されていて無傷な太陽光発電がある場合は、太陽光発電を活用した方がよいのは当然です。

しかしながら、太陽光発電は太陽の日射に応じて発電するため、エンジン式の発電機とは異なり、安定的に発電することができません。発電量が足りなくなると停電してしまいます。非常時とはいえ、発電と停電を繰り返していては使い勝手が悪く使いものにならないので、太陽光発電を稼働させるためにはバックアップ可能な非常用発電機や蓄電池などが必要になります。すなわち、太陽光発電と非常用発電の分散電源を導入すれば、非常時でも電力を安定的に供給することができるようになります。

このことは、普段から使っている電化システムが非常時でも平時同様に活用できる環境が整うということです。非常時のような混乱している状況で、平時とまったく同じ使い勝手の電化設備・機器が使えるので、いざという時ほど役立つことになります。電化を進めることは、裏を返せば、このようなレジリエンス向上に向けた対策を講じさえすれば、むしろ非常時でも安定して生活を送ることができるようになるのです。

離島を含め、日本全土にくまなく構築された電力ネットワークがあります。これまで大規模集中発電所から需要家へ電力を一方通行で送っていましたが、太陽光発電をはじめとした分散電源によって、双方向型の仕組みが同時にできつつあります。このように電力ネットワークは上流から下流に流れる川のようなパイプライン型から様々な流れが混じり合うプラットフォーム型に代わってきています。物理的に送電線や配電線をすべて更新する必要はなく、既存の設備を活用し運用を変更すること、すなわちエネルギーインフラをプラットフォーム型に変えることができるのです(**図1**)。

そのプラットフォームに再エネ発電や非常用発電などの供給設備も、ビル・工場・住宅・電気自動車などの電力需要も、分け隔てなく面的に支えられている社会が新しいエネルギーネットワーク社会といえるでしょう(**図2**)。

さらに、遠隔地の風力発電の電力を長距離送電する場合に直流による送電技術などが注目されているように、これからも電力ネットワークそのものの技術革新も進むでしょう。2022年1月の岸田総理大臣年頭記者会見では、

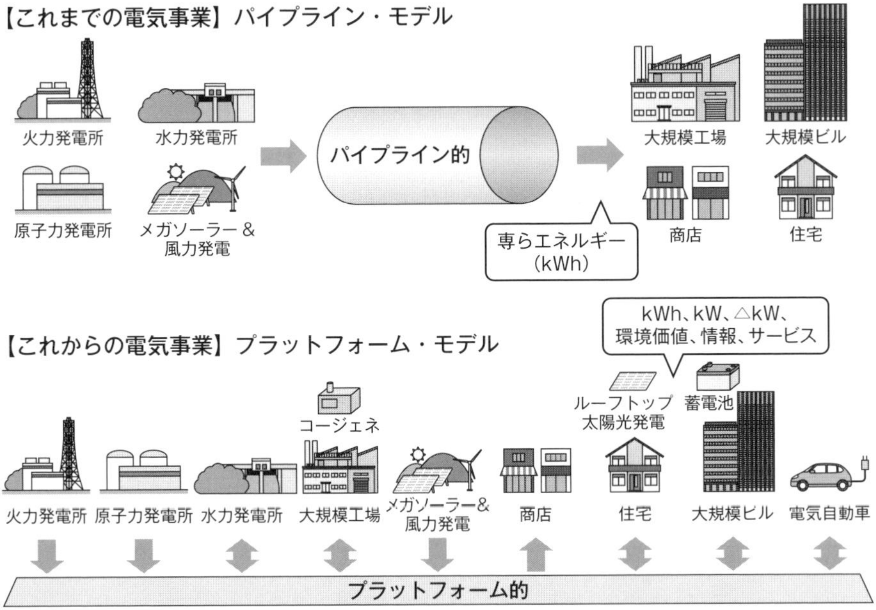

図1　エネルギービジネスのプラットフォーム化

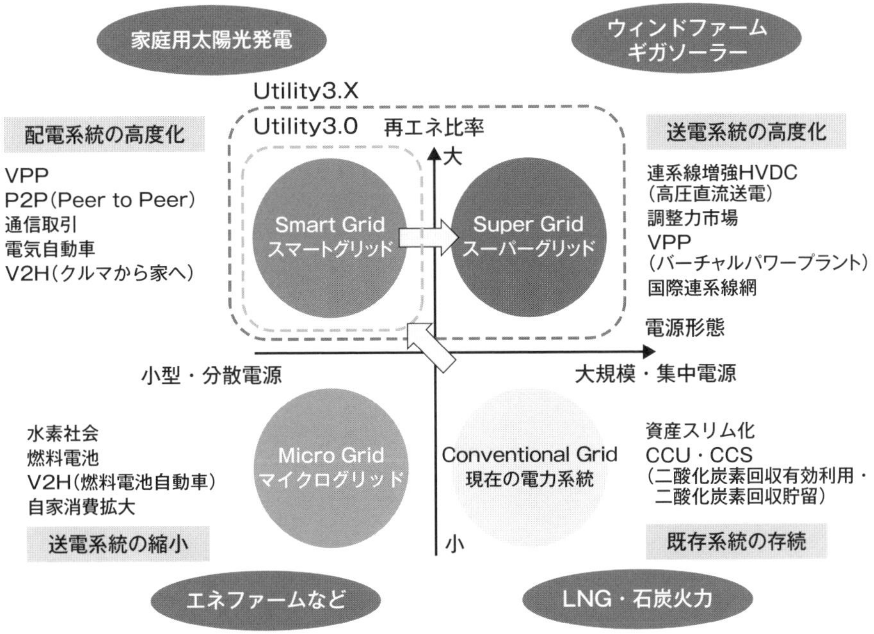

図2　ネットワークの将来像

送配電網のバージョンアップを表明しています。

マイクログリッドが注目される背景

2018年の北海道胆振東部地震でのブラックアウト（全域停電）や、2019年の台風15号による千葉県での大規模かつ長期的な停電など、近年、日本では大きな自然災害による被害が発生しています。

そこで、防災・レジリエンス（自然災害に対する耐性）といった視点から地域の中で電力網をつくって地産地消の電力を活用しようという動きが高まっています（**図3**）。

近年の自然災害

2018年から2019年にかけて大規模な停電を伴う自然災害が相次いで発生しました。近年に発生した災害をいくつか紹介します。

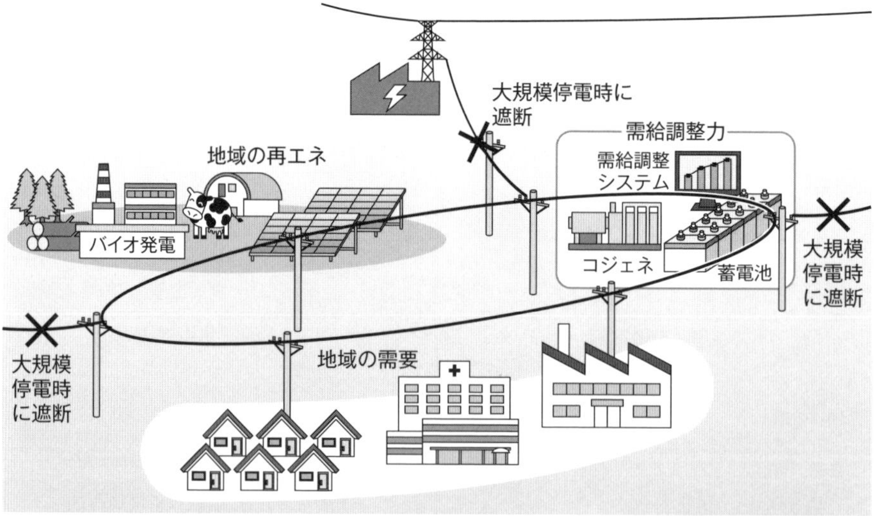

図3　一般送配電事業者、自治体、民間事業者のコンソーシアム体制による運用

出典：経済産業省資源エネルギー庁省エネルギー・新エネルギー部 新エネルギーシステム課、地域マイクログリッドの構築や配電事業の実施に向けた課題等の意見整理（2020年度分散型エネルギープラットフォームの意見交換会の結果整理）、2021年4月16日

地震災害としては2018年の大阪府北部地震と北海道胆振東部地震が、風水害については2018年7月の豪雨災害、2018年の台風21号、2018年の台風24号などが顕著でした。

北海道胆振東部地震(2018年9月6日、マグニチュード6.7)では、北海道胆振地方で最大震度7となり、建物被害が多数発生するとともに、斜面崩壊や液状化などの地盤災害も発生しました。この地震により、震央近傍を通る送電線と苫東厚真火力発電所が被災したことから、北海道全域が停電するブラックアウトが発生しました。最大停電戸数は約295万戸でした。

2018年の台風21号は、9月4日に徳島県に上陸し、その後、近畿地方を縦断し、西日本から北日本にかけて高潮、暴風と強い雨をもたらしました。大阪湾の高潮の影響に加え、流されたタンカーが連絡橋に衝突したことにより、関西国際空港も一時孤立しました。

また、強風や飛来物による配電線被害により、関西圏を中心に最大で約240万戸の大規模な停電が発生しました。倒木による立ち入り困難区域などの影響で、復旧には約2週間の期間を要しています。

2018年の台風24号は、9月29日から30日明け方にかけて沖縄地方に接近した後、非常に強い勢力を保ったまま和歌山県田辺市付近に上陸、東日本から北日本を縦断しました。暴風や大雨による被害は沖縄、九州から関東までの広範囲におよび、最大180万戸の大規模な停電が発生しました。

2019年には2つの台風が関東に上陸しました。9月の台風15号では関東地方を中心に最大約93万戸、10月の令和元年東日本台風（台風19号）では関東甲信越から東北南部にわたり最大約52万戸の停電が発生しました。

台風15号(2019年)と東日本台風(2019年)の東京電力エリアの被害状況と対応実績

関東地方に上陸した台風15号および令和元年東日本台風（台風19号）の影響により、関東地方を中心に広域で停電が発生し、一部地域で長期化しました。

台風15号は、9月9日に東京湾から千葉県西部に上陸しました。気圧傾度が大きく関東地方を中心に19地点で最大風速および瞬間最大風速の観測史上1位を更新するなど、記録的な暴風被害をもたらしました。特に千葉県で暴風被害が顕著であり、県南部を中心に屋根被害が多く見られ、林野では多くの杉が倒れました。倒木の影響で道路が塞がれ孤立した地域も発生しました。また、停電の影響や設備被害により電話や水道が長期に不通となった地域も生じました。千葉県内で66kV鉄塔が2基倒壊し、千葉県内を中心に倒木・飛来物による電柱の折損や倒壊、断線が広範囲かつ多数発生し最大約93万戸が停電しました。さらに道路を塞いだ倒木によって山間部を中心に立ち入ることが困難となり、現場の状況把握や復旧作業が遅れました。そのため東京、神奈川、埼玉、茨城、栃木、静岡の各都県では、9月11日までに概ね停電が復旧した一方で、千葉県内では停電が長期化したのです（**写真1、2**）。

なお、停電が長期化した地域においては、復旧作業に加え、ポータブル発電機や蓄電池、携帯用充電器の設置および貸し出しや、LEDランタンの配布などが実施されたほか、電気自動車の車載電池と給電装置を利用した充電

写真1　飛来物による設備損傷

写真2　倒木が電力設備に覆い被さった現場

サービスが行われました。

台風19号は、10月12日に伊豆半島に上陸し、静岡県や関東甲信地方、東北地方を中心に広範囲に記録的な大雨を降らせました。多数の河川堤防が決壊し、長野県、埼玉県、栃木県、福島県、宮城県などで広い浸水地域が生じ、多数の土砂災害が発生しました。道路や鉄道が寸断され孤立する地域が生じました。鉄道は、長野市内の浸水により北陸新幹線が2週間運休したほか、中央線など多数の区間・路線で運休が発生しました。東京電力エリアで最大約44万戸の停電が発生しました。変電所や需要家の変電設備など多数の電気設備が冠水や土砂崩れによる被害を受けました。東京電力パワーグリッドは、現場の被害状況把握を行う人員を増やし、復旧作業を初動から大規模に実施したことに加え、現場状況の把握のためにカメラ搭載のドローンを約40機活用しています。配電設備の被害が台風15号より少なかったこともありますが、台風通過から1日以内に地域別の復旧見通しを公表、90時間

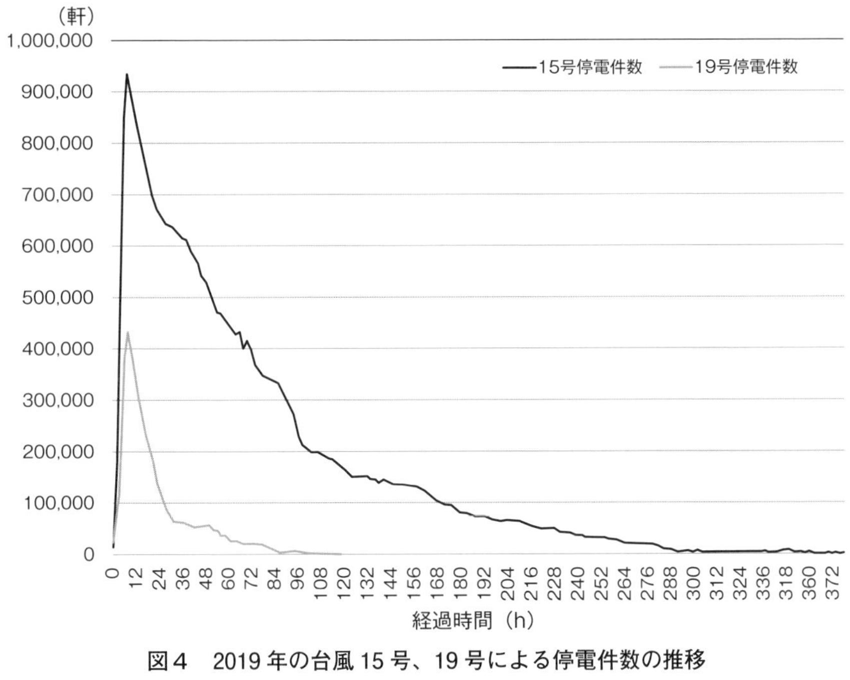

図4　2019年の台風15号、19号による停電件数の推移

表1　台風15号による停電長期化地域への提供設備

資機材など		提供実績
ポータブル発電機	100V	約300台
	200V	約20台
ポータブル充電器		約210台
携帯用充電器（電池付き）		約400個
LEDランタン（電池付き）		約6,600個
電気自動車 給電利用		約30台

日最大提供実績（2019年9月27日時点）

以内に概ね復旧（停電率99%解消）しています（**図4**、**表1**）。

国による災害の被害想定と停電対策の検討状況

国は、大規模地震災害対策で首都圏を対象とした「首都直下地震の被害想定と対策について 」（最終報告、2013年12月）をまとめています。この報告書には切迫性が高い（30年確率：70%程度）とされるマグニチュード7クラスの地震に対して複数の想定を行っています。中でも首都機能への影響が大きい都心南部直下地震の被害想定では、最大約1,220万軒（全体の約5割）の停電を想定しています。

また、マグニチュード8～9クラスの地震が30年確率で60～70%とされる南海トラフ巨大地震では、その被害想定（再計算）（2019年6月）において最大約2,930万軒、東海3県の約9割、近畿3府県の約9割、山陽3県の約3～7割、四国の約9割、九州2県の約9割で停電すると想定しています。ともにここ数年の間に実際に発生した停電件数より1桁多い数字です。

2018年の北海道胆振東部地震によるブラックアウトや、豪雨・台風による被害を踏まえ、経済産業省は「電力レジリエンスWG」を設け、災害時の電力システムの機能確保の在り方について議論を行っています。同WGは、中間取りまとめ（2018年11月）を行い、北海道地域のブラックアウトの再発防止策を講じていますが、同時に、台風被害による知見を踏まえ、電力系統の強化や早期復旧のために取り組むべき中長期対策課題も示しています。

「地域間連携線の強化」、「災害に強い再エネの導入促進」、「需要サイドにおけるレジリエンス対策（ディマンドリスポンス・スマートメーターの活用）」、「正確、適切な情報発信」、「ドローンなどを用いた情報収集システムの構築」、「復旧を妨げる倒木等の撤去の迅速化」などを挙げています。

さらに同WGは、2019年の台風15号および19号による被害状況（強風による鉄塔や電柱の倒壊、飛来物による配電線被害、停電の長期化など）を踏まえ、中間取りまとめの検証と新たな課題抽出も行っています（2020年1月）。電力ネットワークを強靱化するために「鉄塔・電柱の技術基準の再検討」、「無電柱化の取り組み加速」、「分散型グリッドの活用」、「重要施設への自家発電設備の導入促進」などを指摘しており、激甚化する災害に早期に対応するために「災害時における関連機関の連携強化」の必要性を説くとともに、「災害時における電動車（EV等）の非常用電源としての活用促進」も対応手段の1つとして挙げています。

台風19号の大雨に伴う内水氾濫では、首都圏の高層マンションの地下部分に設置されていた高圧受変電設備が冠水・停電し、エレベーター、給水設備などのライフラインが一定期間使用不能となる被害が発生しました。こうした建築物の浸水被害の発生を踏まえ、国土交通省と経済産業省は共同で「建築物における電気設備の浸水対策のあり方に関する検討会」を設置し、建築物の浸水対策のあり方を検討し、2020年6月に「建築物における電気設備の浸水対策ガイドライン」を取りまとめています。

ガイドラインは、特別高圧または高圧受変電設備などの設置が必要な建築物を想定し、建築主、設計者、施工者、所有者・管理者、電気設備関係者（電気主任技術者、一般送配電事業者（電力会社等）、電気工事業者および電気機器施工業者）など建築物の電気設備に関わる様々な主体が、洪水などの発生時における機能継続のための浸水対策を講じる際の参考となるよう、企画、設計、施工、管理・運用の各段階において対策が記載されています。

ガイドラインによれば、まず各種浸水ハザードマップをもとに、想定される浸水深や浸水継続時間などを踏まえて浸水規模を想定、それに対して機能継続に必要な浸水対策の目標水準を設定し、さらに建物の現状を踏まえて、様々な浸水対策を検討・実施することとしています。

ただし、一定の浸水対策を講じた場合でも、想定を超える規模の洪水などが発生した場合には、電気設備の浸水被害が発生しうることから、浸水発生時にとりうる早期復旧対策などについても盛り込んでいます。なお、浸水対策の具体的な取り組み事例や、浸水した場合の復旧対策に関する豊富な事例が参考資料集として添付されています。

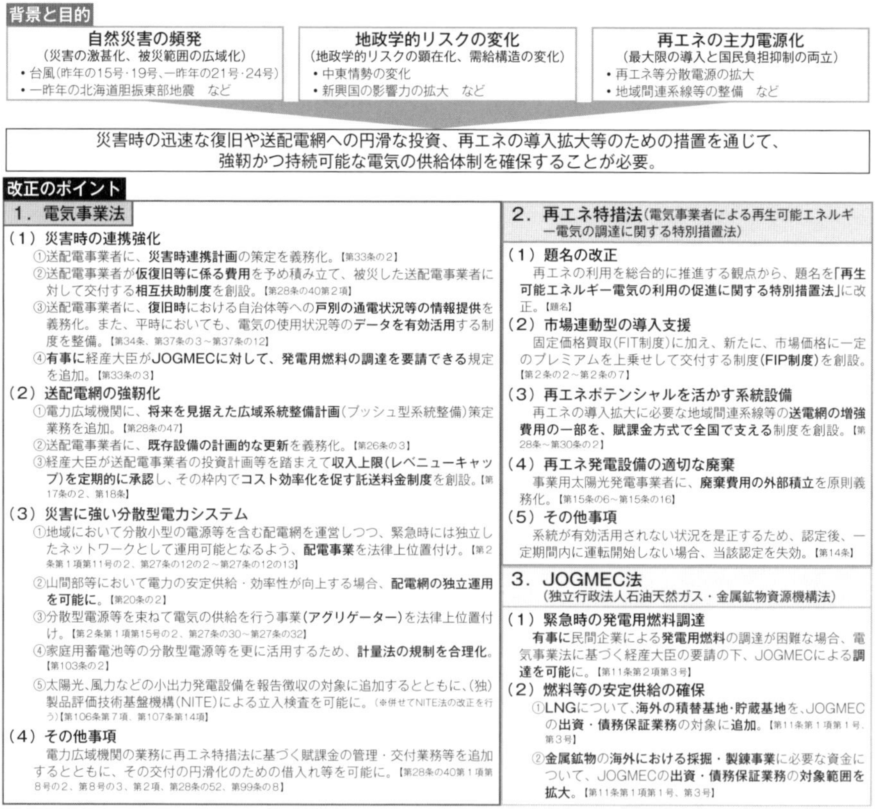

図5　強靭かつ持続可能な電気供給体制の確立を図るための電気事業法等の一部を改正する法律案(エネルギー供給強靭化法案)の概要

出典：経済産業省ニュースリリース、2020年2月25日

2020年6月、自然災害の頻発に加え、中東などの国際エネルギー情勢の緊迫化、再生可能エネルギーの拡大など、電気供給を巡る環境変化を踏まえて、強靱かつ持続可能な電気の供給体制を確立するために、「電気事業法の一部改正」、「電気事業者による再生可能エネルギー電気の調達に関する特別措置法（再エネ特措法）の一部改正」、そして「独立行政法人石油天然ガス・金属鉱物資源機構法（JOGMEC法）の一部改正」を取りまとめた「強靱かつ持続可能な電気供給体制の確立を図るための電気事業法等の一部を改正する法律（エネルギー供給強靱化法）」が成立しました。この法律には、電力レジリエンスWGでの議論で提示された多くの課題が折り込まれています（**図5**）。

エネルギーレジリエンス

昨今、「レジリエンス」という言葉がよく使われていますが、レジリエンスとは外的な衝撃にも折れることがない、しなやかな強さを表す言葉です。エネルギーレジリエンスとは、平時には需要家を含む社会に対して所要のエネルギーを安定的に供給するとともに、有事には自然的・人為的災害をはじめとした様々なショックがエネルギーの供給支障を生じた場合に、それが人命・資産や経済活動および社会にもたらす影響を低減するための、災害などの発生前後におけるハード・ソフト面での安全性・堅牢性および迅速な停止復旧能力です。

需要家の取り組みにクローズアップしてみると、災害が発生した場合にも、速やかに機能を回復し、事業継続をできるようにシステムを構築するという考え方です。

経済産業省資源エネルギー庁は2020年7月に、「エネルギーレジリエンスの定量評価に向けた検討会」の中間論点整理を行っています。

これまでもエネルギーレジリエンス向上の取り組みを定量的に評価する試みは存在していましたが、そのほとんどがエネルギー供給側の取り組みでした。企業などの需要家や、ひいては社会全体の対策・効果の向上にどうつながるのかといった観点は乏しかったのが実情です。

エネルギーレジリエンスを持続可能な取り組みとするためには、レジリエンス対策に向けた投資に対して対価(お金)を払う需要家側にどのような便益が生じるのかを具体化・定量化した「アウトカム指標」にもとづく評価手法の確立が必要になります。

また、エネルギーレジリエンスが企業価値の向上に寄与しているかというと、評価の点でも必ずしも重要な項目とはいえない状況でした。これはエネルギーレジリエンスを向上に向けた取り組みと企業収益の向上の関係を定量的に評価することが難しく、またエネルギー業界、需要家および金融界のそれぞれにおいて、知見やノウハウの蓄積が十分でなかったことが大きな理由だと思われます。

しかし、一部の産業では、エネルギーレジリエンス向上を求める顧客の声を受け、具体的な投融資を進める事例が見られるようになり始めました。また、国外に目を転じると、新型コロナウイルス感染症の拡大などにより、エネルギーレジリエンスへの関心が急速に高まり、これをビジネス・ファイナンスにつなげていく動きが加速しています。

エネルギーレジリエンス投資は、有事のみならず平時においても多様なショックへの耐性と回復力を向上させ、企業収益の向上や持続的成長につながることが少しずつ理解され始めています。

レジリエンス評価の定量化は需要家ごとに求められるレジリエンスの水準の明確化も期待されています。例えば、自治体の避難所とデータセンターでは求められるレジリエンスの水準は大きく異なります。定性的な表現では需要家にとって導入すべき機器・設備が不明確であり、需要場所ごとにレベル感の異なる設備が導入されたとしても、それが必要な基準を満たしているかどうかの評価ができないことが実情です。需要に応じてレジリエンスの水準を明確化し(スコアリング)、その基準を達成するために必要な設備や取り組みの具体的明示が進むことにより需要家にとってもわかりやすくなり、レジリエンスに向けた取り組みの加速が期待されるところです(**図6**)。

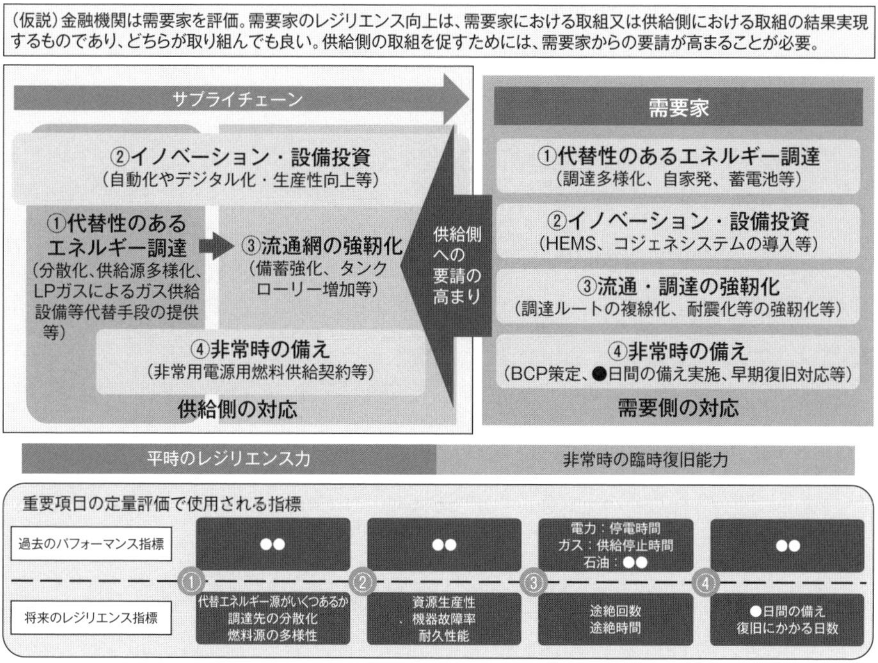

図6　エネルギーレジリエンス評価における重要項目（需要家からの視点）

出典：経済産業省エネルギーレジリエンスの定量評価に向けた専門家委員会、中間論点整理、令和２年７月

ビルや工場の対策：BCP 電源

次に需要家内での個々の対策について紹介します。系統電力から供給が途絶えた場合、その復旧までの期間は自家用発電機や蓄電池などの需要家設置の分散電源で電力を確保することとなります。消防法により病院等の施設には誘導灯などの防災設備の電源として非常用発電機の設置が義務づけられていますが、避難や消火など人命救助を目的としているため、消防法で定められた非常用発電機では容量が十分でないことが多く、平常時と同様の電力を得ることができません。

したがって、事業継続すなわちBCP対策を講じるためには別途電源を確保する必要があります。昨今の技術開発により、その電源として蓄電池が活用できるようになってきました。

蓄電池は、平常時の電力需要平準化対策のほか、非常時においては、

（１）落雷等の瞬時電圧低下(瞬低)対策

（２）停電時の非常用電源供給の用途

で活用されます。

（１）の瞬低対策は、電力品質(電圧・周波数等)を高いレベルで維持する必要のある半導体工場などの需要家を中心に採用されています。（２）の非常用電源は、幅広い需要家で活用されています。

業務用の蓄電池としては、過去に６～７時間程度の充放電が可能な大容量NAS（ナトリウム硫黄）電池などが活用されてきましたが、近年では、数分から１～２時間程度の充放電特性に優れたリチウム電池などが用いられています。

さらに、非常用発電機や自家用発電機（十分な熱利用先があるコージェネレーションを含む）を組み合わせることで、各需要家が求める非常時電源の「電力品質」と「電力供給時間」に応じたシステム最適化が可能になります。

例えば、①数分～１時間程度の供給であればリチウム電池システム、②６～７時間程度の供給が必要な場合はNAS電池システム、③数十時間以上の供給が必要な場合は、リチウム電池と非常用発電機の組み合わせ、さらに④熱需要がある場合は、コージェネレーションとリチウム電池の組み合わせシステムが適しています。

太陽光発電など分散電源との併用も可能です。系統連系の安全などの観点から太陽光発電設備は停電とともに発電を停止する制御が導入されています。それでもパワーコンディショナー（PCS）から直接電源を取ることも可能です。ただし、PCSから直接電気を供給する場合は最低限の容量しか使うことができません。しかし、同じ内線系統に非常用発電機が設置されている場合、非常用発電機が稼働すれば内線が充電されるため、停電で停止していた制御が復元し、太陽光発電設備が稼働するようになります。非常用発電機の燃料消費は抑制され、少ない燃料でも長期にわたる電力供給が可能とな

ります(**図７**)。

災害時は、建物や工場のすべての機能を活かす必要はありません。本当に必要で重要な負荷設備だけを活かすような仕組みが必要です。しかしながら、平時では非常時を想定することが難しく、いざという時に救済すべき負荷の

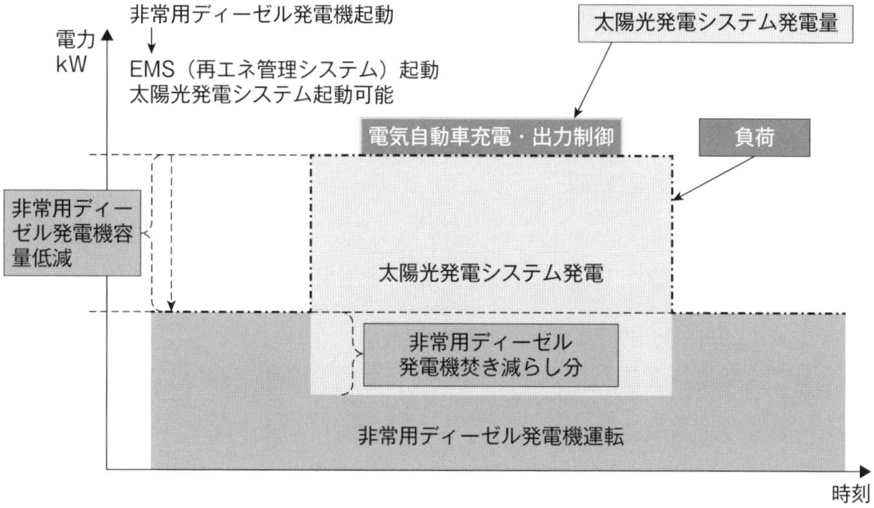

図７　BCP 対策時の発電イメージ

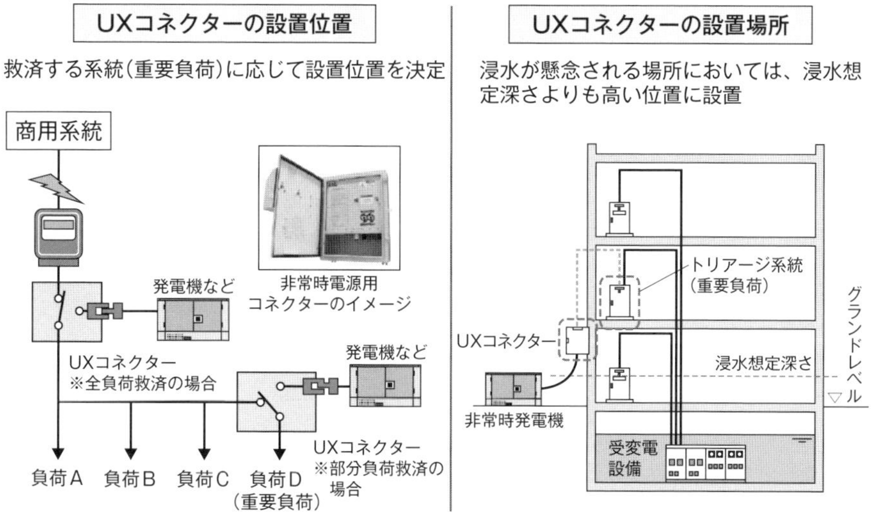

図８　非常時電源ソリューションの例：UX コネクター（非常時電源用コネクター）

区分と非常用電源への接続に時間を要しているのが実態です。災害時に非常用設備が使えなかったという事例が多くあります。そのため需要サイドであらかじめ救済手順をルール化するとともに、必要に応じて外部から給電の接続点(UX コネクター)を設置することも有効です(**図8**)。

マイクログリッド：エネルギーの地産地消モデル

災害後の機能復旧には、

（1）インフラ途絶期

震災直後から数日間

（2）生活確保期

系統電力が復旧し救援物資の配給が定常化した数日後から数週間程度

（3）機能再開期

主要なインフラが復旧した後の施設機能再開期(数週間程度以降)

の３つの段階を経ると考えられています(**図9**)。

インフラの種別により講じる対策は異なりますが、電力におけるインフラ途絶期での地域の対策例を簡単に紹介します。

発電所から需要家まで一方通行で電気を送ることが送配電網の目的であり、基本的に今後も変わりませんが、太陽光発電など分散型発電設備の普及

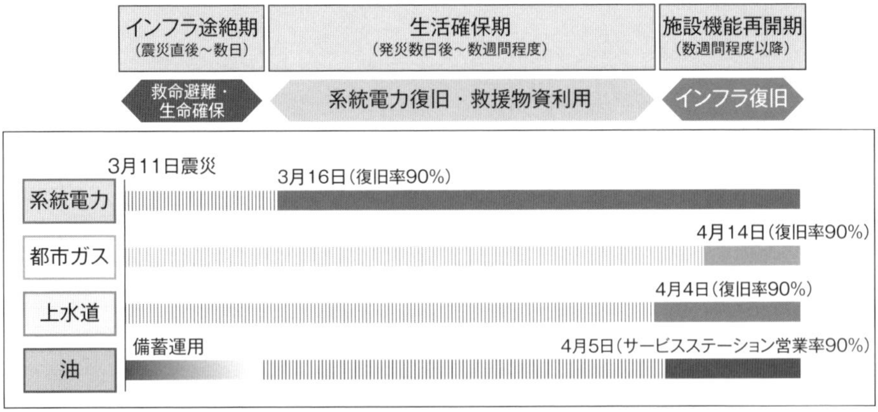

図9　インフラ復旧までの施設機能維持

により、需要と供給の境目が曖昧になりつつあります。すでに述べてきた通り、これまでの一方通行のパイプライン型から双方向のプラットフォーム型になるということです。電気は蓄えることが困難であるため、発電と消費を同時に行う必要があります。一方通行であれば需要に応じて発電をコントロールすればよく、各電力会社が自社の供給エリア全体で需給のバランスを常に確保してきました。

分散型発電設備の登場はこの需給のバランスを小さなエリア単位で実現させることを可能とし、エネルギーの地産地消を目指す取り組みが増えてきました。平常時は、電力系統の電力と自社の太陽光発電を組み合わせ、自社の建物の需要を協調させることで環境性と経済性を高めることができます。また、非常時において長時間停電が発生した際でも、遮断器を開放して電力系統と切り離し、エネルギーマネジメントシステム（EMS）によるコントロールで独立したネットワーク内において電力を融通するなど、エリア内での非常用電源としての活用も可能になります（**図 10**）。

このようなシステムを「プレミアムグリッド®」と称して東京電力グループが講じています。プレミアムグリッドには大きく4つの目的があるとしてい

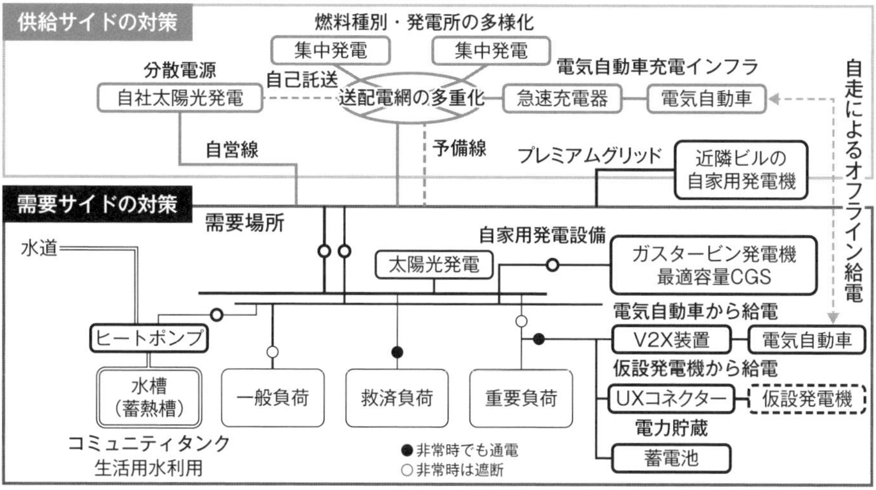

図 10　電力における供給サイドと需要サイドの対策

ます。

① 環境負荷の低減

従来型の個別供給方式に比べて、プレミアムグリッドを形成したエリア内で、最適な機器導入とそれを運用する技術を高めることにより、CO_2 排出量を最大限に減らすことが可能となります。そのために再エネ・電力グリッド・熱エネルギーシステムの協調が必要となり、暖房・給湯需要などの供給システムにおける非化石燃料化に向け再生可能熱エネルギーの利活用(下水・地中熱など)や二次エネルギー（電気や水素)の活用などを考えることが重要であるとしています。

② デマンドレスポンス(DR)の実現

日本全体での再エネ電気の急速な普及により、最近では、電力グリッドへの負担が顕在化しています。送電容量不足、電圧上昇問題、周波数調整力不足および需給バランス・余剰電力など様々な問題が生じており、他エリアの再生可能エネルギーなどを消費する上げ DR を含めて、プレミアムグリッド内で調整をする役割も要件としています。

③ 非常時におけるエネルギー自立性の向上

非常時において、地域内で自立できるためのグリッド形成に貢献することができ、BCP に対する面的なニーズへの対応とスマートコミュニティの構築にも寄与します。また、一般送配電事業の長期的な計画とエリアの電力供給の親和性を高めていくことで、今後の電力ネットワークのあり方を示すうえでも有効であると考えています。

④ 設備投資の合理化

インフラ設備の多くは需要のピークに合わせて設備形成を行っていますが、エリア内で需給を満たす場合、インフラはエリア外と融通するうえで必要な規模まで低減させることが可能になります。また、需給をそれぞれ EMS でコントロールすることで、成り行きで発生していたピーク需要の抑制も可能となり、設備投資の抑制にも資するものと考えています。

このような取り組みは都市部に限らず郊外でも可能です。分散電源が発電した電力を近傍の需要場所で消費する郊外型プレミアムグリッドです。

地産地消の自然エネルギーを最大限受け入れ、電力需要に応えるためには、分散型電源と蓄エネルギー設備も含めた電力供給量のコントロールが必要となります。併せて、需要側のエネルギーマネジメントにより、電力の需要と供給のバランスをとることが求められます。

場所によっては、需要過多な電力系統もあり、一方、発電過多の電力系統も出てきます。それらを比較的小規模な電力系統内で需給コントロールが可能になると、ひとまとまりとなった小規模なグリッド単位での電力系統同士でエネルギーの融通を行うことが可能になります。

また、小規模なグリッド単位での需給コントロールが可能となれば、グリッド内の分散型電源を非常時の電源として活用することも求められます。その際には、グリッドが広域の電力系統から切り離された「単独グリッド」として電力系統を構築することができます。すなわち、プレミアムグリッドのもう1つのメリットは、独立グリッドを活用した非常時での電力供給ができることです(**図 11**)。

また、各地においてスマートシティの実現に向け、同様の取り組みを検討・

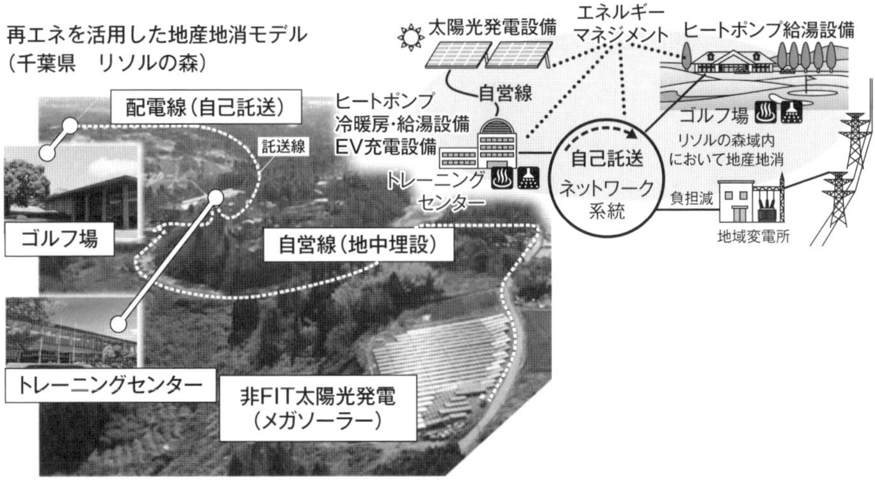

図 11　郊外型プレミアムグリッドの例：リソルの森
出典：リソルの森(株)、(株)東光高岳

実証しているケースもあります。経済産業省も「総合資源エネルギー調査会・持続可能な電力システム構築小委員会」を設け、災害時に送配電網の接続点を切り離し、レジリエンス強化を前提としたライセンス型の配電事業の検討も進められました。この結果をふまえ、2022年4月に改正された電気事業法に配電事業ライセンス制度が導入されました。

配電事業ライセンス制度が開始

配電事業ライセンス制度とは、一般送配電事業者に代わり、地域において配電網を運営し、緊急時には地域の分散型電源を活用し独立したネットワークをして運営できる制度です。電力会社の独占だった配電網を一般送配電事業者以外の企業でも構築できるようになりました。この取り組みによって期待される効果や役割にはどのようなものがあるのでしょうか。

まずは、エネマネ事業者(エネルギー管理支援サービスを提供する事業者)は配電事業ライセンスを活用することにより、一般送配電事業者の設備も活用し、より広い地域で災害時などにオフグリッド化し、独立運用することができます。そのため配電エリア内の需要家に対して電力供給サービスを継続することが可能になりました。

また、一般送配電事業者は他のプラットフォーマーと連携することにより、配電事業ライセンスを活用し、デジタル技術も活用した出力制御や、ローカルフレキシビリティ市場による抑制枠の取引など、高度な運用を行うことができます。そのため設備増強を回避しつつ、再生可能エネルギーを大量に接続、効率的に運用することが可能になりました。

そして、自治体などが出資する地域新電力の取り組みが各地で活発になっています。これらの事業者が、配電事業ライセンスを活用することにより、地産地消の取り組みをより深化させることが可能になりました。

なお、2023年4月時点で配電事業ライセンスを取得している事業者はいませんが、ここからはその礎となる先進的な取り組みを行う企業・自治体の事例を見ていきましょう。

先進的な取り組み

(1) むつざわスマートウェルネスタウン(千葉県睦沢町)

2019年の台風15号による大規模停電時において停電件数が1万戸以下になるのに10日以上も要する中、早期の復旧を果たしたのが千葉県睦沢町です。

CHIBAむつざわエナジーは、天然ガスコージェネレーションシステムおよび太陽光発電、系統からの電力を組み合わせて、停電が起きてから5時間後、周囲の施設が停電する中、道の駅および各住宅に自営線で電力供給を開始。温浴施設のシャワーの無料開放を実施しました。これをきっかけにマイクログリッドが注目されるようになっていきました。

系統連系困難な地域でガスエンジン発電機や太陽光発電などの分散型電源を最大限導入するために自営線を敷設。自営線は、防災性向上と景観向上の観点からすべて地中化されています。この自営線により高額な電灯需要(住宅・街路灯)の託送料金負担を回避することもできており、15年程度の長期スパンで見ればコストメリットが大きくなっています。また、ブラックスタート可能なガスコジェネ機器を選定しています。ガスは国産ガスを中圧管で受けるため、レジリエンスが高くなっています。

当事業は熱電併給型のマイクログリッドを地域資本の新電力会社が手がける全国初の事例です。CHIBAむつざわエナジーの株主であるパシフィックパワーは、全国の系統連系の接続制約がある地域への「ローカルグリッドモデル」として福島県、熊本県などで横展開することが予定されています。

(2) ドイツ シュタットベルケ

ドイツ国内における地域マイクログリッドの活用事例を紹介します。シュタットベルケ(Stadtwerke)は、自治体が地域に特化して経営する都市公社です。ドイツ国内に900社ほど存在しています。

シュタットベルケは地方自治体が主体となり、電力、ガス、熱などのエネルギー供給から、上下水道、廃棄物管理・処理、さらには街の清掃や通信、地域の公共交通に至るまで、地域に対して様々な社会サービスを提供しており、事業領域が広いことが特徴です。

また、顧客規模は数百～100万軒以上と多様であり、事業形態についても、地元自治体が100％出資しているものから、他の自治体あるいは民間企業などと共同で運営しているもの、そして、株式会社として上場しているものなども存在しています。

Stadtwerke Emdenは、人口1万人程度のエムデン市で、地域の循環型社会を支えています。市内のバイオガス発電、太陽光、風力といった分散する再生可能エネルギーを取りまとめ、残りは電力市場から調達しています。地域サッカーチームを支援するなどの活動もしており、地域に密着することで市内約90％のシェアを維持しています。

マイクログリッドを進めるうえでの障壁

このように防災・レジリエンスといった視点から広がりを見せるマイクログリッドですが、現時点では、マネタイズする手段が少ないという点がマイクログリッドをさらに推進するうえでの障壁となっています。

例えば、ブラックアウトの状態から発電する際は、需給調整を行いつつ連系する発電機を運転する必要があります。ここで、調整力として蓄電池が必要になることが多いのですが、現状、蓄電池の導入コストが高価であり、蓄電池がコストペイするかが事業性上の課題であるという実態があります。

また、グリッドの監視システムもコストがかかります。平常時については、一般送配電事業者の変電所に設置してデータ収集と可視化を行う役割となりますが、このような平常時運用でコストペイできる程度に安価になることが望ましいでしょう。

さらに、発電事業者として事業に参入したいと考えていても、発電設備が大規模であるほど、地域マイクログリッド内だけでの消費が難しいので、エリア外の需要確保が必要となります。

自治体はレジリエンス強化に意義を感じているため積極的ですが、現状、レジリエンスの対価に共通認識がないため、事業者側のインセンティブ設計が難しく、事業化が進まないというケースもあります。

そのため、収益のバリエーションを増やしていくことが重要です。非常時のレジリエンス向上は当然としながら、平常時から需給の変動を吸収する役割などで貢献することが必要になってきます。また、先述のドイツの事例などを参考に、単なるエネルギー供給に留まらず、事業メニューの多様化や地域への利益還元、そして地域雇用の創出など、いかにして地域社会に密着したビジネスモデルを構築できるかが、事業継続の鍵を握っていると考えられます。

脱炭素先行地域

2020年10月、菅総理大臣（当時）が2050年カーボンニュートラルを宣言した際、「国と地方で検討を行う新たな場を立ち上げる」との方針を打ち出しました。これを受けて、環境省主導による総理大臣出席の「国・地方脱炭素実現会議」が2020年12月に発足しました。国と地方の協働・共創による地域における2050年脱炭素社会の実現に向けて、特に地域の取り組みと密接に関わる「暮らし」、「社会」分野を中心に、国民・生活者目線での2050年脱炭素社会実現に向けたロードマップおよびそれを実現するための関係府省・自治体等の連携の在り方などについて検討し、議論を取りまとめることとしています。

また、2050年脱炭素社会実現に向けたロードマップでは、「適用可能な最新技術で出来る重点対策を全国で実施」し、2025年までの5年の集中期間に「2050年に向けた地域の脱炭素ドミノ」を総動員して作成することとしています。これは将来の技術に頼る今までの長期方針を転換し、既存の技術でも効果が高く、ただちにできることは、ただちに実践していくとともに、地球温暖化対策計画、長期戦略や成長戦略実行計画、温暖化対策法に基づく地方公共団体実行計画など、そのほか法制度などの各種施策に反映しつつ、国・自治体・地域企業などが一丸となって速やかに実践に移すこと、すなわち

2030年以降は、ドミノ倒しのごとく展開していくことを目指しています(**図12**)。

その脱炭素ドミノのモデルとなる地点が「脱炭素先行地域」です。2050年カーボンニュートラルに向けて、民生部門(家庭部門および業務部門)の電力消費に伴うCO_2排出の実質ゼロを実現し、運輸部門や熱利用なども含めて、その他の温室効果ガス排出削減についても日本全体の2030年度目標と整合する削減を地域特性に応じて実現する地域としています(**図13**)。

100か所の脱炭素先行地域を設けることとし、脱炭素に向かう地域特性などに応じた先行的な取り組みを実施することとしています。それとともに、脱炭素事業に意欲的に取り組む地方公共団体などを複数年度にわたり継続的かつ包括的に支援するスキームとして「地域脱炭素移行・再エネ推進交付金」が2022年度から設けられました。

2023年2月の時点で脱炭素先行地域は2回公募され、第1回では共同提

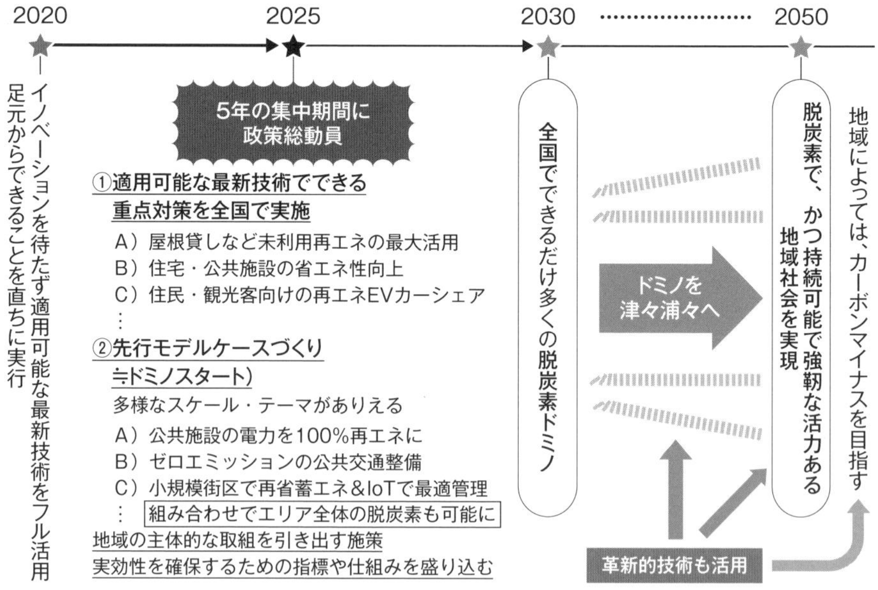

図12　地域脱炭素ロードマップのイメージ
出典：環境省、地域の脱炭素に向けた取組について、2021年4月

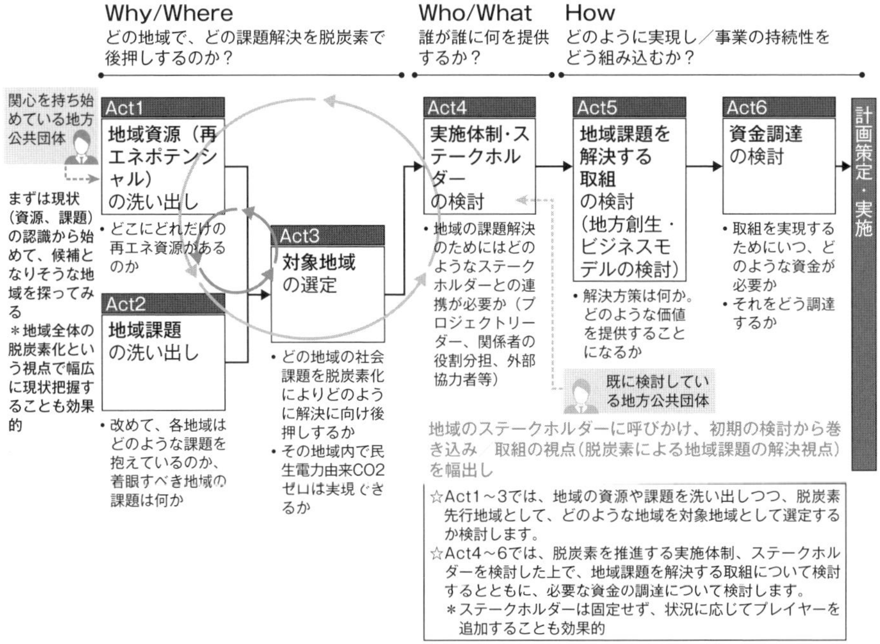

図 13　脱炭素先行地域づくりの進め方

出典：環境省、脱炭素先行地域づくり スタディガイド（第２版）、脱炭素先行地域づくりガイドブック 参考資料、令和４年７月

案を含め 102 の地方公共団体から 79 件の計画案が提出され、26 件の選定、第２回は 53 の地方公共団体から 50 件の計画案が提出され、20 件の選定、合わせて全国 29 道府県 66 市 46 件が選定されています。

地域脱炭素をドミノ倒しのごとく全国津々浦々に展開するためには、選定された先行地域が「実行の脱炭素ドミノ」の起点となって、その挑戦の姿を積極的に示すことが期待されています。先行地域は、2025 年度までに少なくとも 100 か所の選定を念頭に、今後も年２回程度の募集と選定が予定されています。脱炭素先行地域評価委員会は全国に満遍なく先行地域が選定されることが望ましいとしており、都道府県には強いリーダーシップを発揮することが期待され、全国の市町村には積極的な提案を求めています。

5のまとめ

ビジネス

デジタルを活用し、地域の課題解決につなげる

デジタル技術を上手に活用することで、マイクログリッドはさらに加速します。これまでは実現が難しかったことも実現できます。例えば、数秒単位でエネルギー利用データの計測。24時間、様々な機器の利用データを把握することはアナログではできませんでしたが、IoT機器を活用すれば比較的簡単に実現可能です。IoT機器で収集したエネルギー利用データ、温度データ、湿度データなどをクラウドに蓄積し、人工知能で分析をして実際の節電やエネルギーの効率化などにフィードバックしていくという一連の流れが2010年代から順々に形になってきました。

マイクログリッドは、これまでの一方向だったエネルギーの流れを双方向に変えていきます。太陽光発電や風力、水力、地熱、それ以外のエネルギーハーベスティングなど各地域が得意とする発電方法でエネルギーがつくられ、そのエネルギーを蓄電池や電気自動車にためていく。ためられたエネルギーを近くで活用し、エネルギーの地産地消が実現します。

地産地消のエネルギーは地域内でお金の循環を実現し、地域が豊かになります。ロシアのウクライナ侵攻によって、私たちは海外の化石燃料への依存がリスクの高い状況であることを肌で感じました。マイクログリッドの推進は、エネルギーセキュリティを高めるということにもつながります。

マイクログリッド推進時にはエネルギーだけでなく、各地域が抱える他の課題も含めて考えていくとよいでしょう。例えば、住民の移動手段に課題を抱える地域では太陽光を活用してEVを充電し、カーシェアや相乗りサービスを生み出せます。介護やヘルスケアに課題を抱える地域では、エネルギー利用データを使って、見守りや日々の生活のサポートができます。農業が盛んな地域であれば、ソーラーシェアリングなども可能です。災害時の避難計画や空き家対策を進めていくにも住民の生活状況に関するデータが必要になってきますが、エネルギー利用データはとても役立ちます。電柱や各種エネルギー設備を地域の防災やアナウンスに活用していくことも考えられます。

新しく生まれるエネルギーシステムでは、「どんな新しいことが実現できるだろうか、抱えている課題も一緒に解決できないだろうか」という視点で取り組むことで柔軟な発想も生まれます。

技術 マイクログリッドによるカーボンニュートラルとレジリエンス

エネルギーの自由化は、需要家が電力・ガス小売会社を自由に選択できるだけでなく、特定送配電事業など既存の電力会社の送配電網以外でも電力供給を行うことも可能にしました。一方、送配電網をはじめ道路や水道など都市の基盤となるインフラは高度経済成長時に建設されてから約半世紀が経過し、老朽化が問題となっています。インフラにとって安定供給は命題であり、電力・ガスや道路などの社会基盤を基本として私たちの生活は成り立っています。ただ大規模ビルや工場などでは、万が一の非常時に向けて自衛措置を講じています。しかしながら、非常設備は消防法などで規定された基準を満たすなど最小限の設備となっています。

昨今の自然災害では多くのインフラが被災し、その復旧が課題です。需要家もレジリエンス対策を始めています。エネルギー関連設備においても平常時と非常時を一体的に捉えて対策を講じていくことが求められています。

平時は高い省エネルギー性や扱いやすさ、非常時では事業の継続に向け、ロバスト性を高めていくことが必要です。現在の日本は、エネルギーインフラが高度に整備された状態です。特に電力は北海道から沖縄まで全国津々浦々に整備されています。エネルギーインフラの在り方は、「新たに整備」から「高度な利活用やリノベーション」の時代を迎えています。

自由化や規制緩和により自治体・事業者・需要家、さらにはインフラ事業者も一体となって設備することも可能になりました。地域の自然エネルギーを最大限受け入れ、地産地消を行うことに注目が集まっています。そのためには発電と需要を常に一定にする「コントロール」が不可欠です。この需給に応えるためには「蓄エネルギー設備」が必要となります。デジタル化の進展によりは需給バランスをとる「エネルギーマネジメントシステム」も開発されています。魅力のある街づくりに向けた都市インフラは、カーボンニュートラルとレジリエンスが高度に両立したリノベーションが欠かせません。発電と需要に加えて需給のバランスを図る技術の開発が進むでしょう。

非化石燃料への
パラダイムシフトは
あるのか?!

Takashi Yatabe

東京電力ホールディングス（株）技術・環境戦略ユニット技術統括室 プロデューサー 兼 経営技術戦略研究所 水素事業準備室長

東京電力（株）（現・東京電力ホールディングス（株））入社。東京電力、（一財）ヒートポンプ・蓄熱センターで電力負荷平準化機器・システムの開発・普及促進や省エネ技術であるヒートポンプの普及促進に従事。現在は東京電力グループでのエネルギー利用技術・電化・水素化の方策策定に従事。経済産業省、環境省、（国研）新エネルギー・産業技術総合開発機構の委員など。

Kenji Eda

RAUL（株）代表取締役

アクセンチュア（株）入社。エネルギー／化学産業本部に所属し、電力会社・大手化学メーカーなどのプロジェクトなどに参画。同社を退社後、IT コンサルティング、エネルギー業界の知識を活かし独立。（一社）エネルギー情報センター理事、（一社）サステナビリティコミュニケーション協会理事など。Yahoo ！ニュース公式コメンテーター。

江田　現在、私はニュースサイトでエネルギー関連ニュースのコメンテーターをしています。日頃から本は読みますが、矢田部さんが共著で書かれた『カーボンニュートラル実行戦略：電化と水素、アンモニア』(2021年) を拝読しました。ここ最近、私が気になっているエネルギーの問題について矢田部さんも言及していると知り、まさに私のつくりたい本を一緒につくれないものかと思っていました。

矢田部　そのニュースサイトはよく拝見しています。大手メディアの記者が書かれる記事にはその方のポリシーが含まれていることも多いので、事実であることは間違いないと思いつつ、バランスがとれた内容なのかどうかが読者にはわからないことがあります。その点、そのような記事にコメントされる江田さんの解説はわかりやすいですし、客観的だと思っています。今回、一緒に執筆できて非常に嬉しく思います。

大手のニュースサイトにコメントされているので、閲覧者からの反響も大きいと思いますが、どのような反応があるのでしょうか？

江田　ニュースを閲覧している一般の方もコメントができますが、寄せられるコメントを読んでいると、様々な切り口での考え方があるなぁと感心します。特に最近は、電力やガスの価格高騰についての話が多いのですが、電力やガスの価格高騰が「国際政治」、「日本政府の政策」、「日本経済」、「家計」など様々な側面から語られています。加えて、原子力発電の再稼働や太陽光発電を含めた再生可能エネルギー、脱炭素との関係からの意見もあります。

推測になりますが、コメントをする方が置かれている立場や境遇、世代によっても考え方は異なるのでしょう。日々の家計について心配している方は、少しでも電気代やガス代を安く抑えたいという視点が強くなるでしょう。一方で、日々の生活には少し余裕があり、長期的な視点で物事を見たい方であれば、地球温暖化や、次世代へのツケが気になるでしょう。

私自身は「この意見は正しい、正しくない」とは思いません。というのも、私自身もタイミングによっては意見が少しずつ変わったりするでしょうから。ですので、各々の意見が違うということは、当然だと思っています。むしろ電気やガス、石油について多くの方が関心をもち、話題にしていること自体がとても素晴らしいことだと思っています。話題に挙げることによって議論が活発になりますし、議論を通して考えを整理し発言することや、異なった意見に触れることができます。今まで疑問を感じていなかったことに対しても、しっかりと疑問をもてます。他人事ではなくて、自分事として捉えるきっかけになると思っています。

コロナウイルスやロシアのウクライナ侵攻など、これまで想定していなかった事象が起こっていますが、矢田部さんは現状についてどう感じていますか？

矢田部　世界的な問題は、第二次世界大戦のように過去には多くありました。エネルギーに関しても1970年代にオイルショックが起きています。その時は、トイレットペーパーが店頭から消えたり、「狂乱物価」という言葉が流行ったりしました。社会が不安定になると、日本は島国であることから、エネルギーに限らず輸入に頼っている資源や品物の輸入が滞り、生活に大きな支障をきたすおそれがあると思っています。

オイルショックの時は、エネルギーに関していえば、「エネルギー消費を抑制すること」、「石油などのエネルギー資源を備蓄すること」、「石油以外の新しいエネルギーを開発すること」が取り組まれています。オイルショックはまだ記憶に新しいですが、さらに遡ると日本が太平洋戦争に突入せざるを得なかった１つの理由は、当時の国連による石油の禁輸措置ではないかと思います。石油の輸入ができなくなった日本は、インドネシアなど南方に石油資源を求めて戦域を広げていったわけですから、平和な社会を維持するためには、一定規模のエネルギーを日本でつくれるようにすることが重要だと思います。その点で、今の日本はエネルギーの自給率が10%程度で、オイルショックの時よりも低いのに、それでも狂乱にならない社会が出来上がっているのは、過去の取り組みの成果ともいえると思います。また、そのような経済発展を遂げることができたことの理由の1つに原子力技術があると思います。石油以外のエネルギーとして原子力技術が大きく進展し、様々な用途のエネルギーとして期待され、結果として発電以外の技術は日の目を見ることはなかったわけですが、原子力発電による安定した安価な電力は、その後の日本の経済成長を牽引したのではないかと思っています。しかしながら、私たちは先人の構築した社会システムにあやかっているにもかかわらず、将来の日本のために今の私たちが取り組まなければならないことについて、十分に役割を果たしているとはいえない状況だと思っています。

江田さんのニュースコメントは、評論というよりは閲覧者にインスピレーションを促したいのではないか、と感じる時がありますが、閲覧者に対してどのようなことを期待していますか？

江田 知識の多い少ないは、人それぞれですよね。学び始めたばかりの方もいれば、知識が豊富な方もいます。自分自身について考えてみても、一部のジャンルについては豊富な知識がありますが、ほとんどのジャンルについてあまり知らない、もしくはまったく知りません。

互いに知らないジャンルを補完し合いながら社会が形成されていると思います。ですから、エネルギーについてあまり知らない方がいたら、少しでも興味をもってもらえるようにする、学びが深まるようにサポートしていくことができたらと思っています。

これまで良くも悪くも、多くの方がエネルギーについて知る機会や、ざっくばらんに議論できる機会も少なかったと感じます。大きな変化のない時代であれば、それで良かったのでしょう。しかし今は、これまで構築してきた社会システムを再度設計し直すタイミングです。戦後から構築してきた様々な日本の社会システムがあります。例えば、医療システム、教育システム、国防システム。エネルギー供給システムもその1つです。当時は想定していなかった状況が起こり、現実とのギャップが広がっています。戦後に設計された各々のシステムが時代に合っていない状況ではないでしょうか。そのような時期だからこそ、さらに情報を共有し、活発でオープンな議論が大切だと思っています。そうすることで互いに学び、学びが深まり、より建設的な意見、時代に合ったエネルギー供給システムをデザインすることができるのではないでしょうか。

日本は製造業が主体の国だと思いますが、製造業について今後どのような発展が考えられるでしょうか？

矢田部 製造業の多くは人件費の安価な東南アジア諸国に工場を移転し、その時代の最先端の技術を導入した工場ができます。海外の工場は日本の工場より高い生産性を誇り、やがて日本の産業の空洞化が生じてしまいました。「産業の空洞化」という言葉もすでに20年以上昔から使われている言葉だと思いますが、産業の集積があり、そこで仕事をする人が集まることで街や都市が形成されるので、産業の空洞化は深刻な問題だと思います。もちろん、時代とともにかつて生産拠点だった工場も研究開発拠点にリノベーションを図っている企業も多くあります。どうしても国内では敷地が狭いため、生産拠点はアジアの広大な産業団地に移転しつつ、より高度な開発を国内で行うわけです。そのような設備投資を日本国内に行うことが求められます。そのためには世界から人材が集まる国際的な街づくりが必要になるかもしれません。一方で、エネルギーに関しては、大量生産では生産量に応じてエネルギー消費も増加しますが、開発が中心になると、さほど多くのエネルギーを必要としなくなります。

江田　矢田部さんは、これからの日本のエネルギーはどうなると予想されますか？まだあまり議論されていないが有望な発電技術としては、どのようなものがあるのでしょうか？

矢田部　電力については、事故を起こした福島第一原子力発電所も含め、発電所への投資の多くが抑制されてきたと思います。もちろん、市場や社会の動向、経済合理性を鑑みずに拡大基調を維持することは、かつての国鉄のように不良資産を積み上げることになってしまいます。短期的な視点では投資が抑制されてしまい、長期的な視点では将来の需要を見誤ると過剰な投資になりかねません。予見性を高めることが必要ですが、将来を予測し、バランスの良い設備投資を行うことは極めて難しいことです。ただ、昨今のデジタル化社会では大規模集中から分散型に変化し、ネットワークでつながることが主流になってきています。これは小規

模なものを多数導入することで成り立っているので、小型のパッケージモデルをいかにつくれるか、ということだと思います。小型なので、多少の失敗も許されます。小さいからリスクは少ないので。むしろ小さいがゆえに、いかようにでもチャレンジできるのではないかと思うのです。そして、実際に導入してから改善する、いわゆるPOC（Proof Of Concept）型の開発が求められるような気がしています。どうしても日本では完璧な製品を求めてしまいがちですが、常に進化している中で完璧を求めることは難しいのかもしれません。

原子力でも、一品一葉でつくるプラント型から小型のモジュール炉、通称SMR（Small Modular Reactor）の開発がにわかに脚光を浴びています。機構的に安全性が高められていますが、品質管理が行き届いた工場で組み立てるパッケージモデルに近いため、原子力発電も分散型電源の時代を迎えるのではないかと思います。意識せずに原子力を発電技術に紐づけてしまいますが、熱エネルギーをつくり出す、要はボイラーなのです。日本の最終エネルギー消費の７割は熱エネルギーで、それを化石燃料でまかなっています。これがCO_2を排出しているわけです。今後は、熱エネルギーとしても期待していいのではないかと思います。ただし、安全面では管理が行き届いていることが求められますので、例えば、化石燃料を代替する燃焼用の燃料・原料を製造するような方法もあると思います。

江田　例えば、どのような方法ですか？

矢田部　一例ですが、昨今火力発電所で期待される非化石由来の燃料としてアンモニアが脚光を浴びています。アンモニアは窒素と水素で構成された分子です。窒素は空気の約８割を占める物質です。最も簡単に手に入る物質の１つといっていいでしょう。水素は水を電気分解すればつくることができます。アンモニアの原料は非常に身近な物質です。では、どうやってアンモニアをつくるか、ここが技術的な課題です。現在、アンモニアは天然ガスと窒素を用いた改質方式でつくっています。ハーバーボッシュ法という技術を用いるのですが、窒素と水素を約600℃まで加熱すると化学反応が起きてアンモニアが合成されます。この技術を用いれば、原子力の熱を利用して燃料アンモニアをつくることができます。発電ではなく燃料をつくる技術として原子力を活用するということです。SMRであれば船舶の技術と組み合わせて浮体式の原子力も視野に入ると思います。海であれば海水ですが、水が潤沢にあるので、淡水化技術と組み合わせれば水素をつくるための水の調達にも困りません。

日本の領海やEEZ（排他的経済水域）の面積は約450万km^2あり、世界で第6位国です。海洋国家なので海を生かさない手はないと思います。浮体風力発電や潮流発電、さらにはこのような浮体原子力発電などがエネルギーの自給率を高めるために寄与します。これまでは化石燃料が安価に入手できたことから、海外からの化石燃料・資源の購入に依存していましたが、その結果が国富の流出にもつながってしまったので、その資産を国内の投資に向けることで日本経済の再発展の契機にしてみる方法もあると思います。

これらはあくまで私案ですので、現実的な内容ではないかもしれませんが、社会に問いかけてみることも必要ではないかと思っています。物事はそう簡単には進まないと思いますが、江田さんはどのような思いで社会に対して問いかけていらっしゃるのでしょうか？

江田　物事は右に行ったり、左に行ったりしながら進化していくと思っています。イメージとしては螺旋階段をぐるぐる上がっていくような感じでしょうか。ですから、時代によって評価される「製品や技術」は180度異なります。ですが、少し俯瞰してその螺旋階段を見てみると、今は評価されていなかったものが進化し評価される。逆に評価されていたものが評価されなくなる、ということが起こっていることがわかります。

例えば、エネルギーのつくり方でいうと、今は集中型から分散型にシフトしているタイミングです。再生可能エネルギーを含めた分散型電源は、これからも成長、発展していくでしょう。ですが、もう少し長い視点でいえば、再び集中型発電が脚光を浴びます。2050年以降でしょうが、そういった時代が来ると思っています。なぜか？と聞かれると説明が難しいのですが、１つ挙げるとしたら、2050年頃には、私たちは宇宙への進出を本格化しようとしているのではないかと考えるからです。人類が宇宙に羽ばたくためには、再生可能エネルギーを含めても今のエネルギー源だけでは足りなくなります。その時は何か新しい集中発電ができ、そのエネルギーを使って宇宙に羽ばたいている気がします。エネルギーのつくられ方は、螺旋階段を上るように、集中型と分散型が交代交代に主役になりながら発展していく、そう考えます。

最後にお聞きしたいのですが、人口が減少する日本で今後どのような産業が発展し、社会が形成されていくと思われますか？

矢田部　日本は、人口減少によってエネルギー消費や工場の生産量が縮小すると見られています。さらに高齢化が進むことによる労働人口の減少が課題です。しかし、例えば食料の生産をこれまでの露地栽培から植物工場での生産にシフトすることで省力化しつつ生産量を増やすことができるかもしれません。人手不足を補うのは自動化されたロボットなどだと思いますが、これらはすべてエネルギーによって稼働します。要は人手不足をエネルギーに代替させればいいのだと思います。これは日本が工場で行ってきたことそのものですので、日本のお家芸だといえるでしょう。魚も養殖となり、水質や温度管理、餌やりなども自動化が可能です。その餌も植物工場のように工場で生産することも可能になると思います。エネルギーの自給率の向上は、食糧自給率の向上にもつながります。もちろん、それによって保護貿易を進めるというつもりはなく、それぞれの国がそれぞれの特徴を生かした製品をつくっているので、日本の生産品の多様化につなげることで貿易の活性化を図りつつ極度のエネルギーの海外依存率を低下させ、国としての非常時の対応も高度化させるような仕組みを目指すのがよいと思いますが、いかがでしょうか？

江田　なるほど。人口減少、エネルギーや食糧自給率の低さはとても絡み合っているのですね。しかも課題がたくさんあることで見えてくることがありますね。日本は多くの課題に直面しているともいえますが、これから世界が直面する課題でもあるでしょう。そう考えると、日本は世界に先駆けて解くチャンスがあるとも考えられます。ぜひ、読者の方々も含め皆で一緒にチャレンジしていきたいですね。

矢田部　どうしても技術に傾注すると技術開発することが目的となってしまいます。必ずしも最先端の技術ばかりにとらわれるのではなく、社会のニーズに応じて「プルーブン」（すでに実証済みのもの）と呼ばれることもありますが、こなれた技術でも他の技術と組み合わせることで、実は経済的にも使い勝手も良い手段になると思いました。江田さんの目線は技術に携わる者として、どのような方向を目指すのかという点で非常に参考になりました。これからもぜひアドバイスをお願いいたします。

江田　対談や執筆を通じて、私があまり詳しくなかった技術についてもより深く知ることができました。ビジネスマンはどうしても日々の業務に追われがちですが、可能性のある技術について定期的にウォッチする大切さを再確認しました。加えて優れた技術を社会システムとして実装するためには、どのような点が重要かを技術者の方々に伝えていくこともビジネスマンの大きな役目だと思います。今後も対話の場を増やしていきたいです。

（2023 年４月収録）

ビジネス屋と技術屋が一緒に考える脱炭素

2023 年 5 月 24 日　　第 1 版第 1 刷発行

著　者　江田健二・矢田部隆志
発行者　村上和夫
発行所　株式会社 オーム社

郵便番号　101-8460
東京都千代田区神田錦町 3-1
電話　03(3233)0641(代表)
URL　https://www.ohmsha.co.jp/

組版　アトリエ渋谷　　印刷・製本　壮光舎印刷
ISBN978-4-274-23057-8　Printed in Japan